一点通系列丛书

焊工识图一点通

第 2 版

武　丹　孙焕焕　裘荣鹏　编著

机 械 工 业 出 版 社

本书立足于机械制图的基本知识，着重于焊接专业需要掌握的制图知识，教会读者如何根据具体工作条件标注焊接符号和代号。以焊接装配图的表达方式及焊接标识为例，帮助读者正确识读焊接装配图及焊接工艺相关报告和规程卡。

本书主要内容包括制图的基本知识和技能，焊接结构装配图的识读，机械图样中的焊缝符号、焊接方法及其表示方法，焊接工艺评定及焊接工艺规程，典型焊接装配图的识读，以及焊接结构件的展开图。

本书可供各级焊工阅读，也可供焊接培训机构和职业院校焊接专业师生参考。

图书在版编目（CIP）数据

焊工识图一点通/武丹，孙焕焕，裘荣鹏编著. —2版. —北京：机械工业出版社，2024.3

（一点通系列丛书）

ISBN 978-7-111-75204-2

Ⅰ.①焊…　Ⅱ.①武…②孙…③裘…　Ⅲ.①焊接-识图　Ⅳ.①TG4

中国国家版本馆CIP数据核字（2024）第043453号

机械工业出版社（北京市百万庄大街22号　邮政编码100037）

策划编辑：吕德齐　　　　责任编辑：吕德齐

责任校对：高凯月　陈　越　　封面设计：鞠　杨

责任印制：李　昂

河北京平诚乾印刷有限公司印刷

2024年5月第2版第1次印刷

169mm×239mm · 10.75印张 · 207千字

标准书号：ISBN 978-7-111-75204-2

定价：49.00元

电话服务　　　　　　　　　　网络服务

客服电话：010-88361066　　机　工　官　网：www.cmpbook.com

010-88379833　　机　工　官　博：weibo.com/cmp1952

010-68326294　　金　书　网：www.golden-book.com

封底无防伪标均为盗版　　机工教育服务网：www.cmpedu.com

前言

中国制造业随着时代的进步而快速发展。《中国制造 2025》中以新一代信息技术产业、高档数控机床和机器人、航空航天装备、海洋工程装备及高技术船舶、先进轨道交通装备、节能与新能源汽车、电力装备、农机装备、新材料、生物医药及高性能医疗器械等为重点发展领域。焊接作为一种传统的加工工艺，在制造领域中一直占据着重要的地位，对促进我国由制造大国向制造强国转变有着极为重要的作用。

随着新工艺、新技术的发展，新产品的出现，对焊工的要求也逐渐提高。既要求焊工能够根据机械设计图样，准确无误地理解设计人员的设计意图，完成焊接结构件的生产或产品的装焊工作，也要求焊工能够读懂工艺人员的工艺图样和工艺卡片。本书正是从产业高端和高端产业对焊工的能力需求出发，有针对性地讲述了制图的基本知识和技能、焊接结构装配图的识读、机械图样中的焊缝符号、焊接方法及其在机械图样中的表示方法、焊接工艺评定及焊接工艺规程、典型焊接装配图的识读，以及焊接结构件的展开图。

本书完全以实际工作需要为出发点，全面地阐述了焊工在焊接装配过程中需要掌握的相关知识，力求帮助焊工全面地理解设计人员的设计意图和工艺人员的装焊意图，能够看懂焊接装配图，按照图样和工艺卡的要求完成结构的焊接工作，制造出合格的产品。

由于编者水平有限，不妥之处在所难免，敬请读者批评指正。

扫描下方二维码，关注“好焊悦读”公众号，**发送本书第 125 页正文第 1 个字**，获取本书 PPT。

目录

绪论

第一节　焊接在现代工业中的地位及发展概况

焊接技术在机械制造中占有重要的地位，是工业生产各个领域不可缺少的工艺技术手段。焊接作为现代工业生产中较为理想的连接手段，与其他连接方法相比，具有很多优点，其应用更是涉及国民经济的各个领域。

焊接结构被广泛地应用于工业生产的各个部门，如石油与化工机械、重型与矿山机械、起重与吊装设备、冶金建筑、汽车制造、船舶制造、兵器制造、航空、航天、核工业设备以及海洋工程等。焊接结构是高新技术产品不可缺少的组成部分，是焊接制造的最终产品。例如被誉为“世界铁路桥之最”的南京大胜关长江大桥、长征运载火箭、港珠澳跨海大桥、“复兴号”动车组等。

焊接结构是许多高新技术产品不可缺少的组成部分。例如我国制造的100万kW超临界大型火力发电机组锅炉、30万t级超大型油轮、神舟飞船及微电子技术的元件等，都离不开焊接技术。

焊接结构的质量直接影响工业产品的质量和使用可靠性。例如一台600MW电站锅炉受热面的焊接接头达6万多个，如果有千分之一的接头出现质量问题，就有60处隐患，这将严重影响该机组的安全运行。因此焊接结构在推动工业生产发展、技术进步以及促进国民经济发展过程中都占有重要的地位。

我国是世界上较早应用焊接方法的国家之一。古书上有这样的记载：“凡焊铁之法……小焊用白铜末，大焊则竭力挥锤而强合之……”这说明很久以前我国已掌握了用铜钎焊和锻焊方法来连接金属的技术，是一个具有悠久的焊接历史的国家。

近代的焊接技术，是从1885年出现碳弧焊开始的，直到20世纪40年代才形成较完整的焊接工艺方法体系。特别是20世纪40年代初期，出现了优质焊条后，焊接技术才真正得到了一次飞跃。

进入21世纪，随着科学技术的不断发展，特别是计算机技术的应用与推广，使焊接技术特别是焊接智能化达到了一个崭新的阶段。各种新工艺方法，如多丝埋弧焊、窄间隙气体保护全位置焊、水下二氧化碳保护自动焊、全位置脉冲等离子弧焊、异种金属的摩擦焊和数控切割及机器人焊接等，已广泛应用于船舶、车辆、航空器、锅炉、电机、冶炼设备、石油化工机械、矿山机械、起重机械、建筑等产品的制造，并成功地完成了不少重大装备的焊接。例如万吨水压机、球形结构剧场（拉斯维加斯碗形剧院 MSG Sphere）、港珠澳跨海大桥、三峡发电机定子座（图 0-1），以及核反应堆、人造卫星、神舟系列太空飞船（图 0-2）、世界第一穹顶的北京国家大剧院等焊接产品。

焊接方法的发展简史见表 0-1。

图 0-1　三峡发电机定子座

图 0-2　神舟系列太空飞船（十六号）

表 0-1 焊接方法的发展简史

焊接方法	发明年代	发明国家	焊接方法	发明年代	发明国家
碳弧焊	1885	俄罗斯	冷压焊	1948	英国
电阻焊	1886	美国	高频电阻焊	1951	美国
金属极电弧焊	1892	俄罗斯	电渣焊	1951	苏联
热剂焊	1895	美国	CO_2 气体保护电弧焊	1953	美国
氧乙炔焊	1901	法国	超声波焊	1956	美国
金属喷镀	1909	瑞士	电子束焊	1956	法国
原子氢焊	1927	美国	摩擦焊	1957	苏联
高频感应焊	1928	美国	等离子弧焊	1957	美国
惰性气体保护电弧焊	1930	美国	爆炸焊	1963	美国
埋弧焊	1935	美国	激光焊	1965	美国

随着工业和科学技术的发展，焊接方法也在不断地进步和完善，焊接已从单一的加工工艺发展成为综合性的先进工艺技术。焊接方法的新发展主要体现在以下几个方面。

1. 提高焊接生产率，进行高效化焊接

埋弧焊中的多丝焊、热丝焊、窄间隙焊，气体保护电弧焊中的气电立焊、热丝 MAG 焊、TIME 焊等，是常用的高效化焊接方法。

2. 提高焊接过程的自动化、智能化水平

发达国家的焊接过程机械化、自动化已达到很高程度。21 世纪初，日本船舶焊接机械化、自动化率就已达到 98%，韩国达到 91%，而国内船厂的焊接机械化、自动化率仅在 60%左右，并且是以半自动化为主，距焊接自动化的高标准仍有一定距离。早在 20 世纪 70 年代，日本就提出了“无人船厂”的理念；80 年代末，日本造船焊接技术向高效化、智能化和自动化发展；90 年代已经大量使用焊接机器人生产。我国自 20 世纪 80 年代起开始焊接机器人的研究，目前船板下料、船体对接基本可以实现机器人自动化操作。我国船舶企业采用自动化焊接制造逐步跨入世界第一方阵。焊接机器人的应用是提高焊接过程自动化水平的有效途径，应用焊接专家系统、神经网络系统等都能提高焊接过程的智能化水平。

3. 焊接热源

焊接的发展在某种意义上来说就是焊接热源的发展。目前焊接热源已非常丰富，如火焰、电弧、电阻、超声、摩擦、等离子、电子束、激光束、微波等。焊接热源的发展趋势是有效、方便及节能。例如电子束焊中加入激光束，就是将两种热源叠加可以获得更强的能量密度；还有新能源热源，如太阳能焊；电阻点焊机、螺柱焊机中利用电子技术来提高焊机的功率因数等。

第二节 焊工识图的重要意义

正如前文所述，焊接技术在机械制造中具有重要的地位。虽然焊接技术正向着自动化的方向发展，新型焊接机器人也逐渐地进入企业进行工作，但是在现阶段焊工仍是制造行业的主要工种之一。焊工要想在工作中能够根据机械图样的要求，准确无误地完成设计人员设计的结构或产品的焊接、装配工作，就必须读懂设计人员的设计图和焊接装配施工工艺图，所以识图对焊工来说是非常重要的。

第三节 本书的内容和学习方法

本书根据焊工具体的操作内容，有针对性地阐述了制图的基本知识和技能、焊接结构装配图的识读、机械图样中的焊缝符号、焊接方法及其表示方法、焊接工艺评定及焊接工艺规程、典型焊接装配图的识读和焊接结构件的展开图等方面的知识，力求帮助焊接一线工人和相关技术人员全面理解设计意图，看懂焊接装配图，能按照图样要求完成结构的焊接装配，制造出合格的产品。

建议读者在学习本书时，参考相关的机械制图类书籍来补充制图技巧和有关互换性的内容，并在实际操作中边看图边识图，遇到不认识的焊接符号或代号可参阅本书，从而达到认识全部焊接符号和代号的目的。

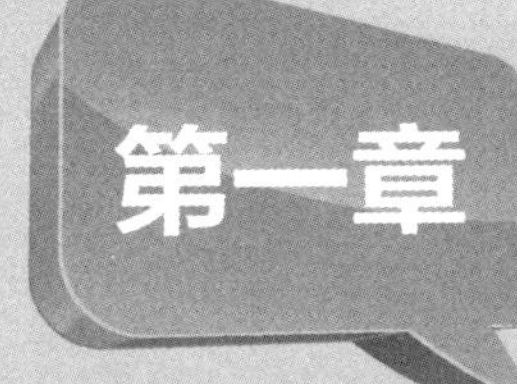

制图的基本知识和技能

第一节　国家标准关于制图的一般规定

国家标准《技术制图》包含若干基础性制图标准，凡是带有技术性质的图样都应遵守的共同规则。国家标准《机械制图》则包含若干机械类专业制图标准，它们是绘制和阅读机械图样的准则。在制图和绘图时必须严格遵守这些规定，树立标准化的理念。

本节仅介绍国家标准《技术制图》和《机械制图》中的部分内容。

一、图纸幅面和格式

1. 图纸幅面

按 GB/T 14689—2008《机械制图　图纸幅面和格式》规定，在绘制技术图样时，应优先采用表 1-1 所规定的五种基本幅面尺寸。

表 1-1　图纸基本幅面尺寸　　（单位：mm）

幅面代号	A0	A1	A2	A3	A4
尺寸 $B\times L$	841×1189	594×841	420×594	297×420	210×297
a	25				
c	10			5	
e	20		10		

注：B、L、a、c、e 如图 1-1 和图 1-2 所示。

2. 图框格式

（1）在图纸上必须用粗实线画出图框，其格式分为无装订边和有装订边两种，但同一产品的图样只能采用一种格式。

（2）无装订边的图纸，其图框格式如图 1-1 所示。

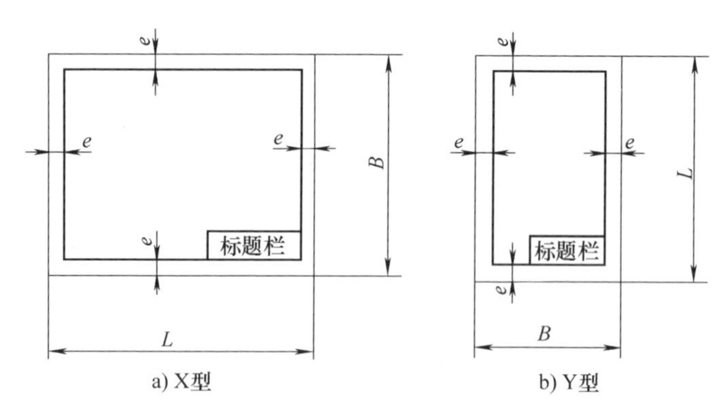

a) X型　　b) Y型

图 1-1　无装订边图纸的图框格式

（3）有装订边的图纸，其图框格式如图 1-2 所示。

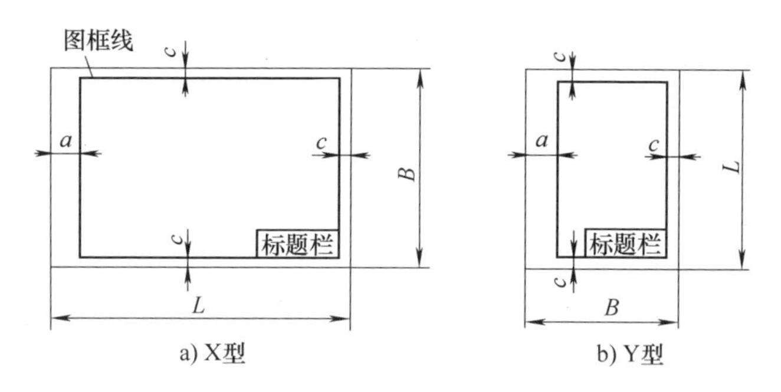

a) X型　　b) Y型

图 1-2　有装订边图纸的图框格式

3. 标题栏方位

每张图样上都必须画出标题栏，应位于图纸的右下角。标题栏的格式和尺寸应按 GB/T 10609.1—2008《技术制图　标题栏》的规定。在制图作业中建议采用如图 1-3 所示的简化标题栏。

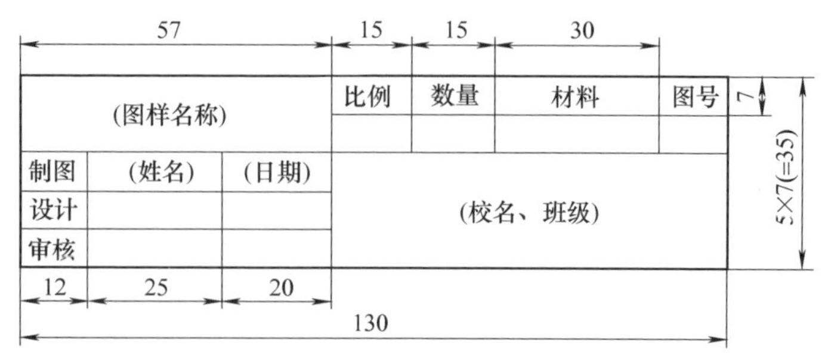

a) 零件图标题栏

图 1-3　简化标题栏

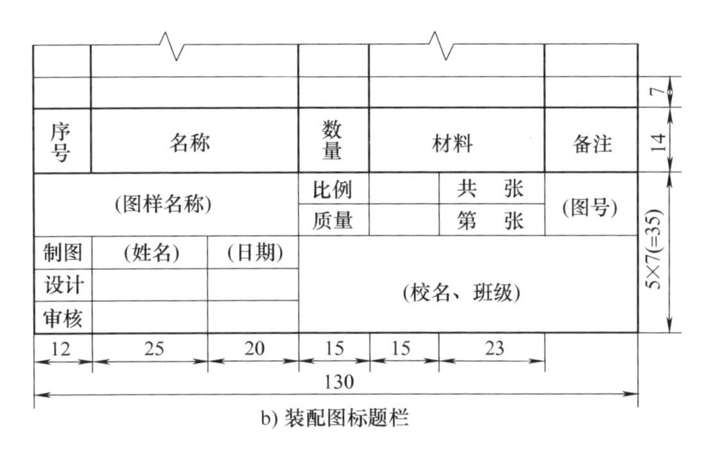

b) 装配图标题栏

图 1-3　简化标题栏（续）

4. 对中符号

为了使图样复制和缩微摄影时定位方便，均应在图纸各边的中点处分别画出对中符号，如图 1-4 所示。

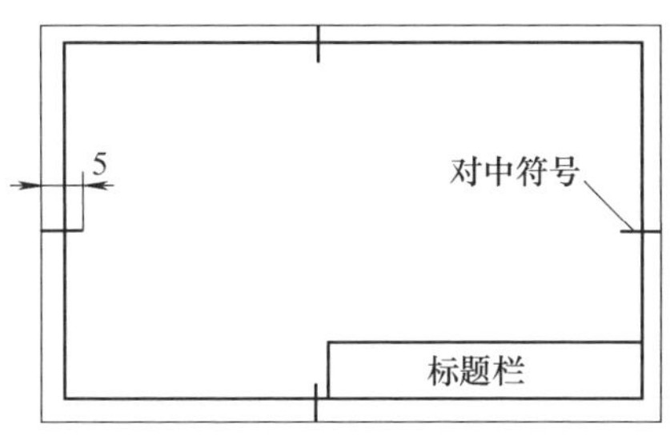

图 1-4　图纸的对中符号

二、比例

图形与其实物相应要素的线性尺寸之比，称为比例。

绘制图样时，应由表 1-2 的“优先选择系列”中选取适当的绘图比例。必要时，也允许从表 1-2 的“允许选择系列”中选取。

表 1-2　比例系列（摘自 GB/T 14690—1993）

种类	定义	优先选择系列	允许选择系列
原值比例	比值为 1 的比例	1 : 1	—
放大比例	比值大于 1 的比例	5 : 1、2 : 1、5×10^n : 1、2×10^n : 1、1×10^n : 1	4 : 1、2.5 : 1、4×10^n : 1、2.5×10^n : 1
缩小比例	比值小于 1 的比例	1 : 2、1 : 5、1 : 10、1 : 2×10^n、1 : 5×10^n、1 : 1×10^n	1 : 1.5、1 : 2.5、1 : 3、1 : 4、1 : 6、1 : 1.5×10^n、1 : 2.5×10^n、1 : 3×10^n、1 : 4×10^n、1 : 6×10^n

注：n 为正整数。

为了从图样上直接反映出实物的大小，绘图时应尽量采用原值比例。因各种实物的大小与结构千差万别，绘图时，应根据实际需要选取放大比例或缩小比例。绘图比例一般应在标题栏中的“比例”一栏内填写。

图样中所标注的尺寸数值必须是实物的实际大小，与绘制图形所采用的比例无关，如图 1-5 所示。

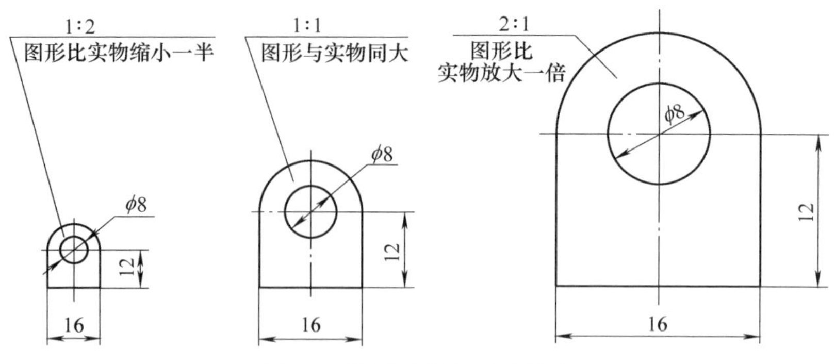

图 1-5　图形比例与尺寸数字

三、图线

图形是由各种图线构成的。GB/T 17450—1998《技术制图　图线》规定了各种图线的名称、形式、代号、宽度以及在图样中的一般应用，见表 1-3。

表 1-3　图线

图线名称	图线形式	图线宽度	应用举例
粗实线	b	b	可见轮廓线
细实线		约 $b/3$	尺寸线、尺寸界线、剖面线
波浪线		约 $b/3$	断裂处的边界线、视图和剖视的分界线
双折线		约 $b/3$	断裂处的边界线
细虚线	(4～6)b　≈b	约 $b/3$	不可见轮廓线
细点画线	(15～20)b　(2～3)b	约 $b/3$	轴线、对称中心线
粗点画线		b	有特殊要求的线和表面的表示线
细双点画线	(15～20)b　(4～5)b	约 $b/3$	相邻辅助零件的轮廓线、极限位置的轮廓线

同一图样中同类图线的宽度应基本一致，虚线、点画线及双点画线的线段长度和间隔应大致相等。

第二节　投影与视图

一、投影的基本知识

人们通常把投射线通过物体向选定的面投射，并在该面上得到图形的方法称为投影法。根据投影法得到的图形，称为投影。

在机械制图中通常采用平行投影法，如图 1-6 所示。即假设将投影中心移至无限远处，则投射线相互平行。在平行投影法中，根据投射线与投影面是否垂直，又可分为正投影法和斜投影法两种，分别如图 1-6a 和图 1-6b 所示。

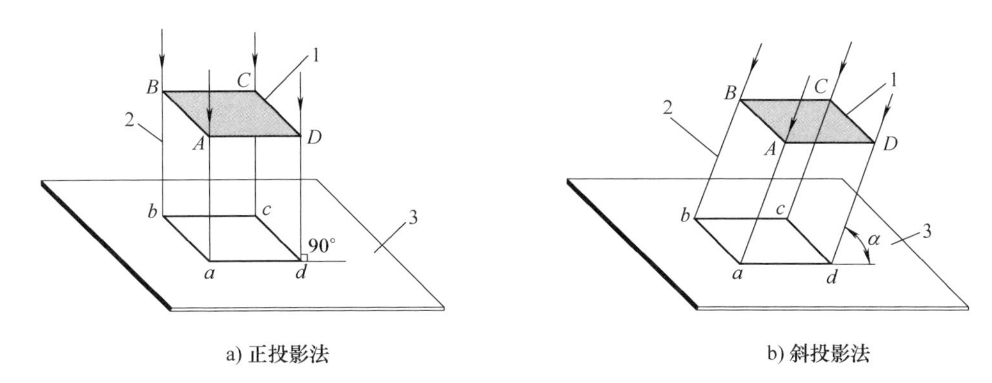

a) 正投影法　　b) 斜投影法

图 1-6　平行投影法

1—投影体　2—投射线　3—投影面

投影的三要素是：投影体、投射线和投影面。

1）投影体指所要绘制的对象，是包括零件、部件、机器设备的总体。

2）投射线是假想的一束平行光线，是绘图人员的视线。

3）投影面绘图的界面。

绘制零件图是要表达零件的形状和技术要求，绘制装配图是要表达产品及其组成部分的连接和装配关系。产品及其组成部分的连接、装配关系也是通过零件的形状来表达的，因此绘制机械图就是为了表达投影体的形状，而投影体的形状是由边界线确定的。

二、三视图

将物体置于三个相互垂直的投影面体系内，然后从物体的三个方向进行观察，就可以在三个投影面上得出三个视图，如图 1-7 所示。

1. 三视图的形成

三投影面体系由三个相互垂直的正投影面（简称正面或 V 面）、水平投影面（简称水平面或 H 面）、侧投影面（简称侧面或 W 面）组成。

相互垂直的投影面之间的交线，称为投影轴，它们分别是：Ox 轴（简称 x 轴），是 V 面与 H 面的交线，它代表长度方向；Oy 轴（简称 y 轴），是 H 面与 W 面的交线，它代表宽度方向；Oz 轴（简称 z 轴），是 V 面与 W 面的交线，它代表高度方向。

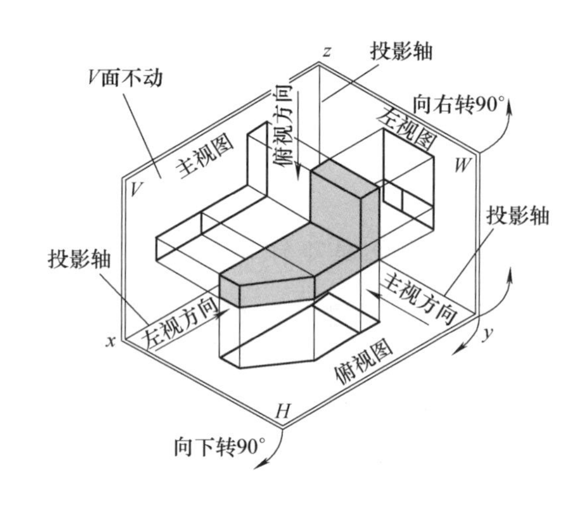

图 1-7　三视图的获得

三个投影轴相互垂直，其交点称为原点，用 O 表示。

由前向后投射在正面所得的视图，称为主视图；由上向下投射在水平面所得的视图，称为俯视图；由左向右投射在侧面所得的视图，称为左视图。这三个视图统称为三视图。

为把三个视图画在同一张图纸上，必须将相互垂直的三个投影面展开在一个平面上。展开方法如图 1-7 所示，规定：V 面保持不动，将 H 面绕 Ox 轴向下旋转 90°，将 W 面绕 Oz 轴向右旋转 90°，就得到展开后的三视图，如图 1-8 所示。实际绘图时，应去掉投影面边框和投影轴，如图 1-9 所示。

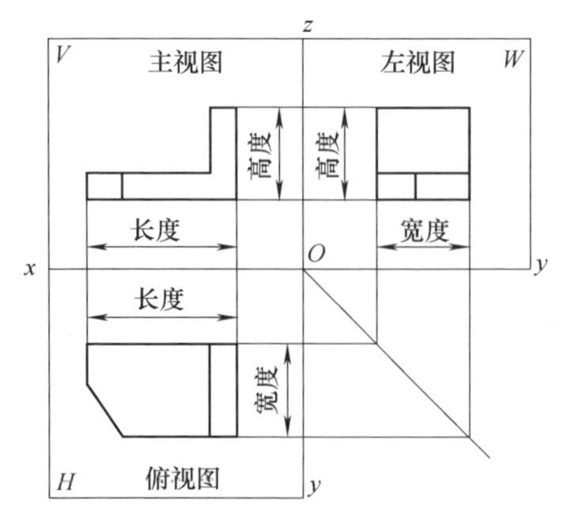

图 1-8　投影面的展开

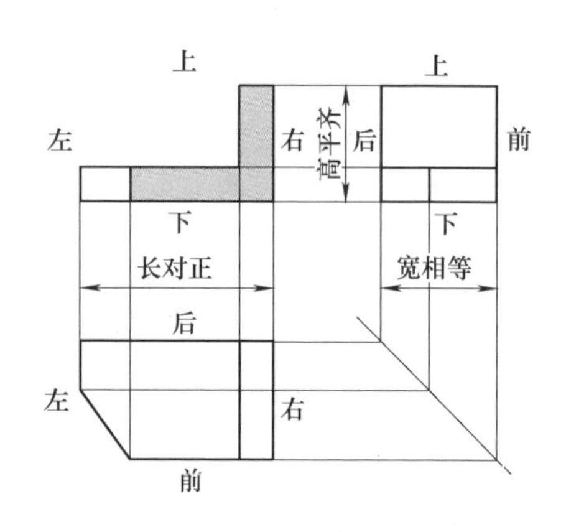

图 1-9　三视图

由此可知，三视图之间的相对位置是固定的，即：主视图定位后，俯视图在主视图的下方，左视图在主视图的右方，各视图的名称不须标注。

2. 三视图之间的对应关系

（1）三视图之间的投影规律　从图 1-8 中可以看出，每一个视图只能反映出物体两个方向的尺度，即：主视图反映物体的长度（x）和高度（z）；俯视图反映物体的长度（x）和宽度（y）；左视图反映物体的高度（z）和宽度（y）。

由此可得出三视图之间的投影规律（简称三等规律），即：主、俯视图长对正，主、左视图高平齐，俯、左视图宽相等。

三视图之间的三等规律，不仅反映在物体的整体上，也反映在物体的任意一个局部结构上。这一规律是画图和看图的依据，必须熟练掌握和运用。

（2）三视图与物体的方位关系。物体有左右、前后、上下六个方位，即物体的长度、宽度和高度。从图 1-9 中可以看出，每一个视图只能反映物体两个方向的位置关系，即：主视图反映物体的左、右和上、下；俯视图反映物体的左、右和前、后；左视图反映物体的上、下和前、后。

作图与读图时，要特别注意俯视图和左视图的前、后对应关系，即俯、左视图远离主视图的一边，表示物体的前面；靠近主视图的一边，表示物体的后面。

3. 三视图的作图方法和步骤

根据物体（或轴测图）画三视图时，应先选好主视图的投射方向，然后摆正物体（使物体的主要表面尽量平行于投影面），再根据图纸幅面和视图的大小，画出三视图的定位线。

应当指出，画图时，无论是整个物体或物体的每一局部，在三视图中，其投影都必须符合“长对正、高平齐、宽相等”的关系。图 1-10a 所示的物体，其三视图的具体作图步骤如图 1-10b、c、d 和 e 所示。

三、剖视图

当物体的内部结构比较复杂时，视图中就会出现较多的虚线，既影响图形的清晰，又不利于标注尺寸。为了清晰地表示物体的内部结构，国家标准规定了剖视图的画法。

1. 剖视图的概念

假想用剖切面剖开物体，将处在观察者和剖切面之间的部分移去，而将其余部分向投影面投射所得的图形，称为剖视图，简称剖视，如图 1-11 所示。

将视图与剖视图相比较可以看出，由于主视图采用了剖视图的画法，原来不可见的孔成了可见的，视图上的虚线在剖视图中变成了实线，再加上在剖面区域内画出了规定的剖面符号，使图形层次分明，更加清晰。

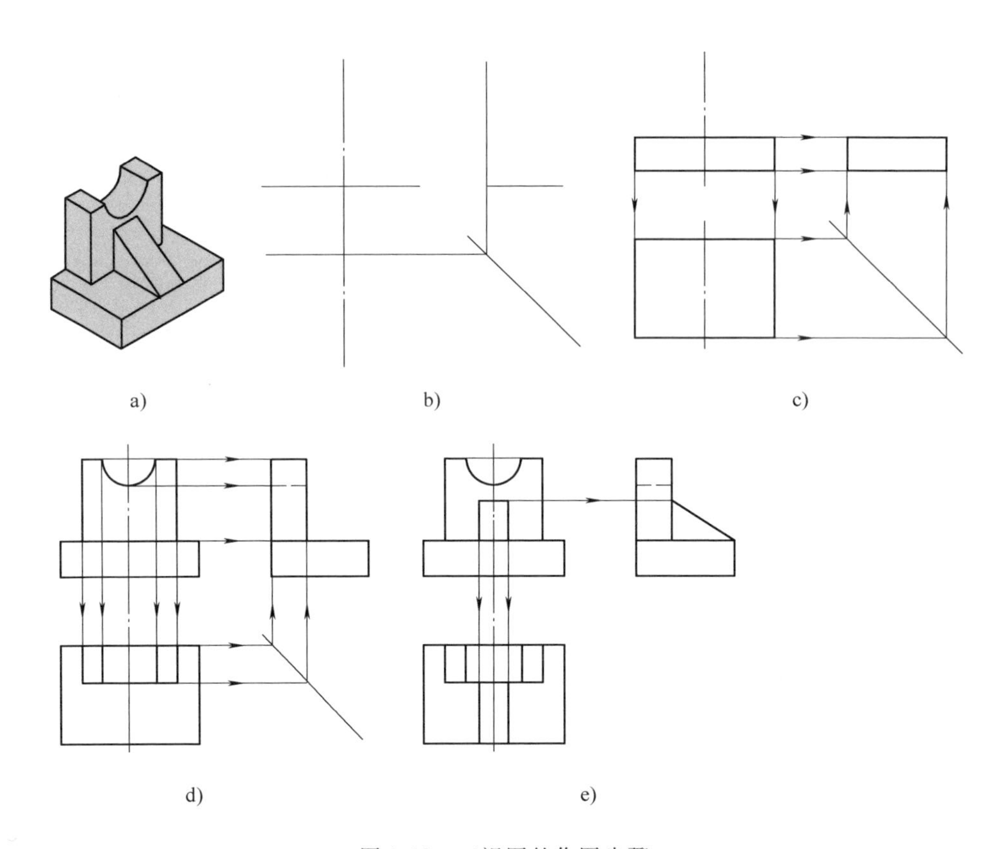

图 1-10　三视图的作图步骤

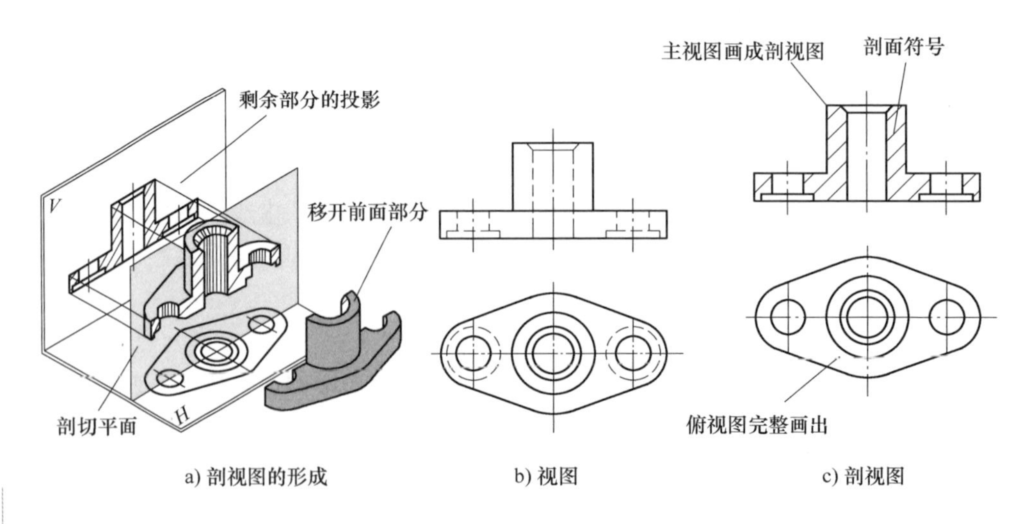

图 1-11　剖视图的获得

2. 剖视区域的表示法

为了增强剖视图的表达效果，明辨虚实，通常要在剖面区域（即剖切面与物体的接触部分）画出剖面符号。

（1）不需要表示材料类别剖面的画法　当不需要在剖面区域中表示物体的材料类别时，应采用国家标准 GB/T 4458.6—2002《机械制图　图样画法　剖视图和断面图》中的规定。

1）剖面符号用通用剖面线表示。通用剖面线是与图形的主要轮廓线或剖面区域的对称线成 45°角且间距相等的细实线，向左或向右倾斜均可，如图 1-12 所示。

2）同一物体的各个剖面区域，其剖面线的方向及间隔应一致。

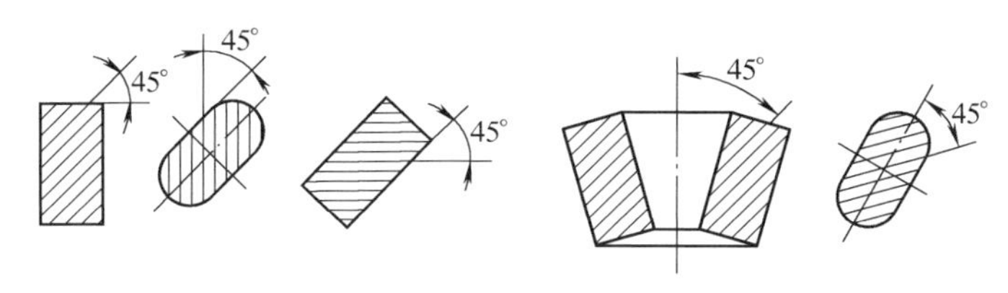

图 1-12　通用剖面线的画法

在图 1-13 所示的主视图中，由于物体倾斜部分的轮廓与底面成 45°，而不宜将剖面线画成与主要轮廓成 45°时，可将该图形的剖面线画成与底面成 30°或 60°的平行线，但其倾斜方向仍应与其他图形的剖面线一致。

（2）表明材料类别时剖面的画法　当需要在剖面区域中表示物体的材料类别时，应根据国家标准 GB/T 4457.5—2013《机械制图　剖面区域的表示法》中的规定绘制。常用的剖面符号见表 1-4。由表 1-4 可见，金属材料的剖面符号与通用剖面线一致。剖面符号仅表示材料的类别，而材料的名称和代号须在机械图样中另行注明。

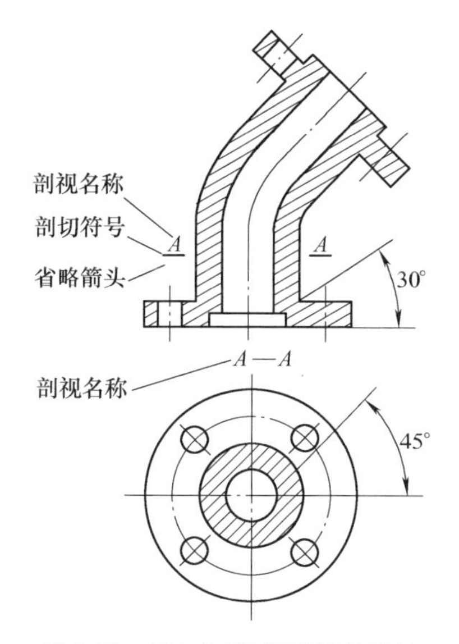

图 1-13　30°或 60°剖面线的画法

3. 剖视图的标注

为了便于看图，在画剖视图时，应将剖切位置、剖切后的投射方向和剖视图名称标注在相应的视图上。标注的内容有以下三项。

表 1-4　剖面区域表示法（摘自 GB/T 4457.5—2013）

材料		图形符号	材料	图形符号
金属材料（已有规定剖面符号者除外）			木质胶合板（不分层数）	
线圈绕组元件			基础周围的泥土	
转子、电枢、变压器和电抗器等的叠钢片			混凝土	
非金属材料（已有规定剖面符号者除外）			钢筋混凝土	
型砂、填砂、粉末冶金、砂轮、陶瓷刀片、硬质合金刀片等			砖	
玻璃及供观察用的其他透明材料			格网（筛网、过滤网等）	
木材	纵断面		液体	
	横断面			

注：1. 剖面符号仅表示材料的类型，材料的名称和代号另行注明。
2. 叠钢片的剖面线方向应与束装中叠钢片的方向一致。
3. 液面用细实线绘制。

（1）剖切符号　表示剖切面的位置。在相应的视图上，用剖切符号（线长5~8mm的粗实线）表示剖切面的起、止和转折位置，并尽可能不与图形的轮廓线相交。

（2）投射方向　在剖切符号的两端外侧，用箭头指明剖切后的投射方向。

（3）剖视图的名称　在剖视图的上方用大写拉丁字母标注剖视图的名称“×—×”，并在剖切符号的一侧注上同样的字母。

在下列情况下，可省略或简化标注。

1）当单一剖切平面通过物体的对称面或基本对称面，且剖视图按投影关系配置，中间没有其他图形隔开时，可以省略标注，如图 1-11 所示的剖视图。

2）当剖视图按投影关系配置，中间没有其他图形隔开时，可以省略箭头，如图 1-13 所示。

4. 常见的剖视图

（1）全剖视图 用剖切面完全地剖开物体所得的剖视图，如图 1-11 所示。

（2）半剖视图 当物体具有垂直于投影面的对称平面时，在该投影面上投射所得的图形，可以对称线为界，一半画成剖视图，另一半画成视图，这种组合的图形称为半剖视图，如图 1-14 所示。

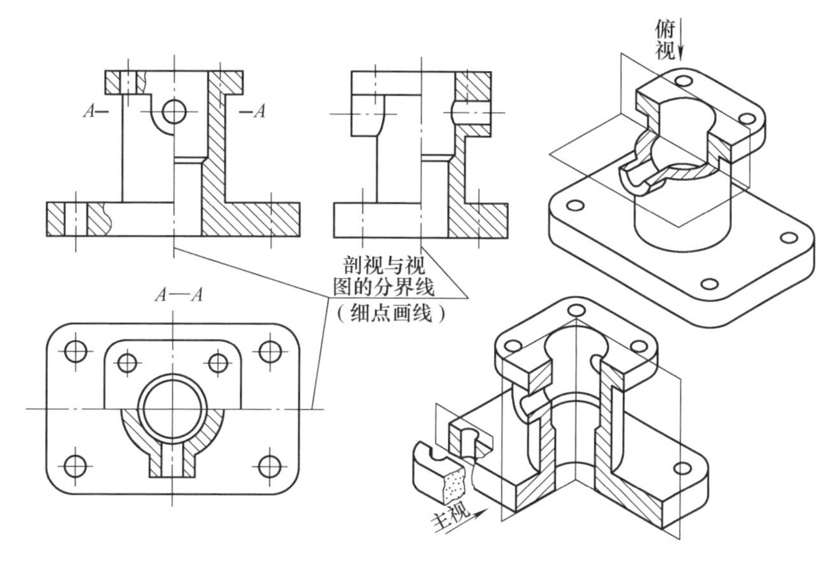

图 1-14 半剖视图

（3）局部剖视图 用剖切面局部地剖开物体所得的剖视图，称为局部剖视图，简称局部剖视。当物体只有局部内形需要表示，而又不宜采用全剖视图时，可采用局部剖视图表达，如图 1-15 所示。

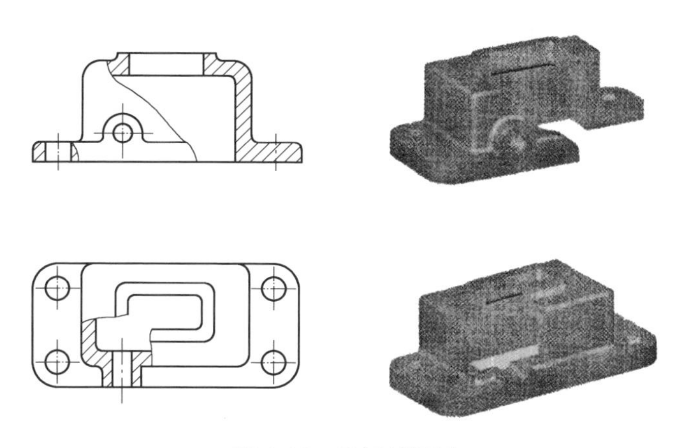

图 1-15 局部剖视图

四、断面图

假想用剖切面将物体的某处切断，仅画出该剖切面与物体接触部分的图形，称为断面图，简称断面。

断面图，实际上就是使剖切平面垂直于结构要素的中心线（轴线或主要轮廓线）进行剖切，然后将断面图旋转 90°，使其与纸面重合而得到的。断面图与剖视图的区别在于：断面图仅画出断面的形状，而剖视图除画出断面的形状外，还要画出剖切面后面物体的完整投影，如图 1-16 所示。

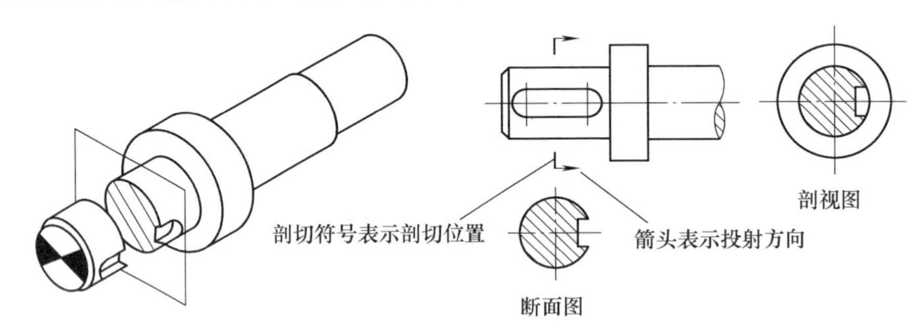

图 1-16　断面图的概念

根据断面图在图样中的不同位置，可分为移出断面图和重合断面图。

1. 移出断面图

画在视图之外的断面图，称为移出断面图，简称移出断面。移出断面图的轮廓线用粗实线绘制，如图 1-17 所示。

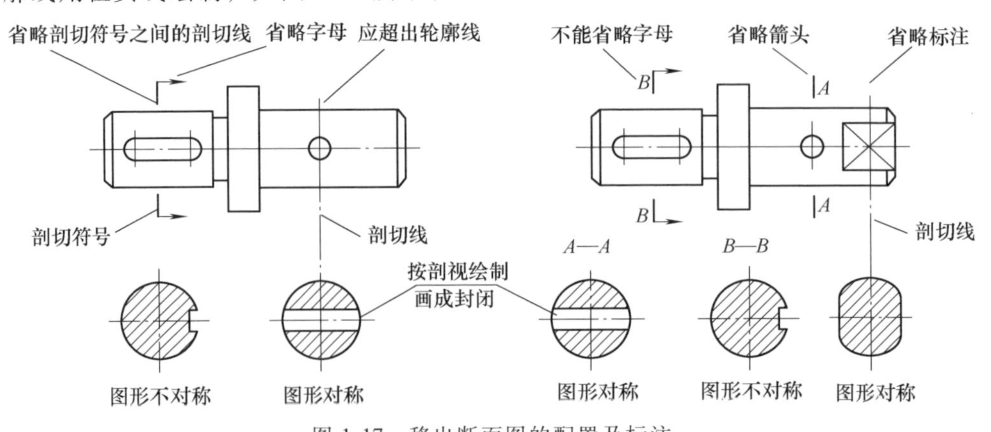

图 1-17　移出断面图的配置及标注

（1）画移出断面图的注意事项

1）移出断面图应尽量配置在剖切符号或剖切线的延长线上，也可配置在其他适当位置，如图 1-17 中的 *A*—*A*、*B*—*B* 断面。

2）当剖切平面通过回转面形成的孔（或凹坑）的轴线时，这些结构按剖视图绘制，如图 1-18 所示。

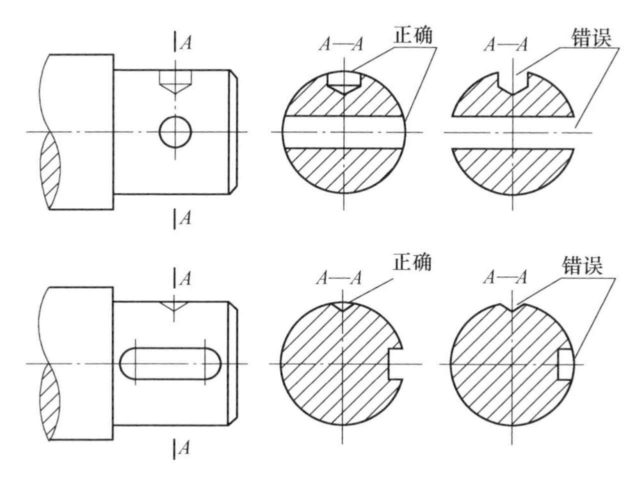

图 1-18　带有孔或凹坑的断面图

3）当剖切平面通过非圆孔，会导致出现完全分离的两个断面时，则这些结构按剖视图绘制，如图 1-19 所示。

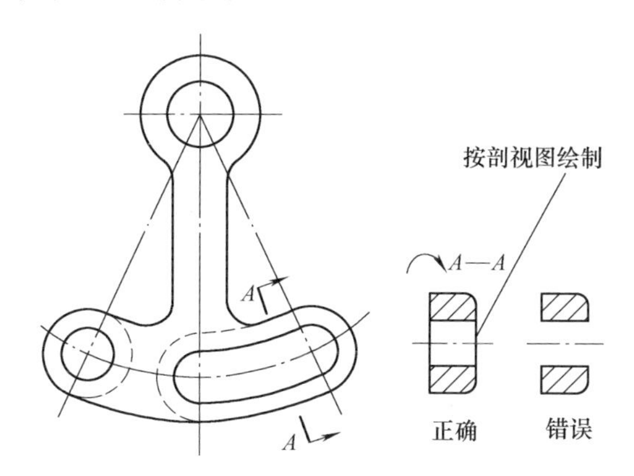

图 1-19　按剖视图绘制的移出断面图

4）断面图的图形对称时，可画在视图的中断处，如图 1-20 所示。当移出断面图由两个或多个相交的剖切平面形成时，断面图的中间应断开，如图 1-21 所示。

（2）移出断面图的标注　移出断面图的标注形式及内容与剖视图相同。根据具体情况，标注可简化或省略，见表 1-5。

2. 重合断面图

画在视图之内的断面图称为重合断面图，简称重合断面。重合断面图的轮廓线用细实线绘制，如图 1-22 所示。

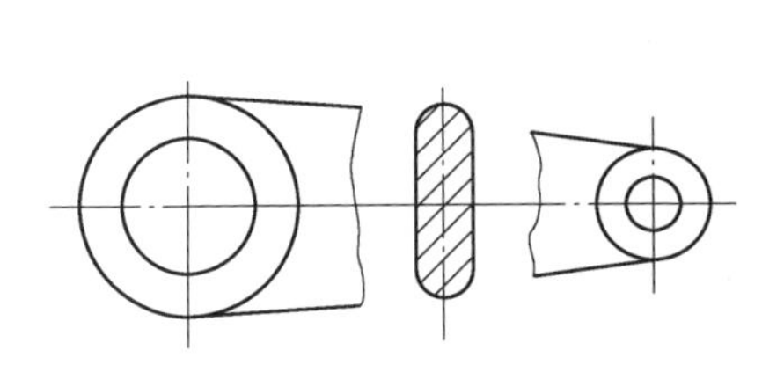

图 1-20　画在视图中断处的移出断面图

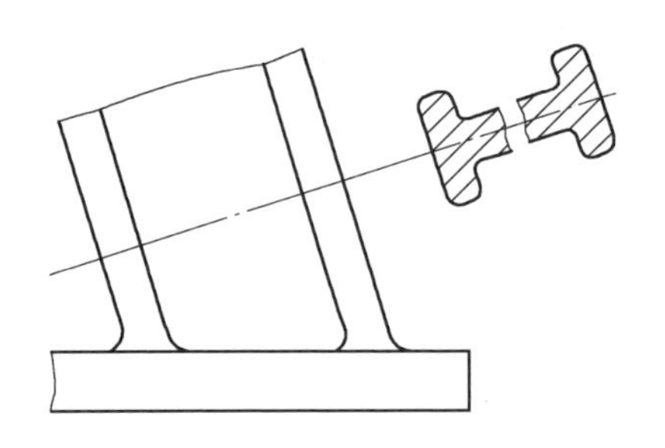

图 1-21　断开的移出断面图

表 1-5　移出断面图的标注

断面类型	剖切平面的位置		
	配置在剖切线或剖切符号延长线上	不在剖切符号的延长线上	按投影关系配置
对称的移出断面	剖切线 细点画线 省略标注	A A A—A 省略箭头	A A A—A 省略箭头
不对称的移出断面	省略字母	A A A—A 标注剖切符号箭头和字母	A A A—A 省略箭头

画重合断面图应注意以下两点。

1）重合断面图与视图中的轮廓线重叠时，视图的轮廓线应连续画出，不可间断。

2）对于不对称的重合断面图，应标注剖切符号和箭头；对称的重合断面图省略标注剖切符号和箭头，如图 1-22 所示。

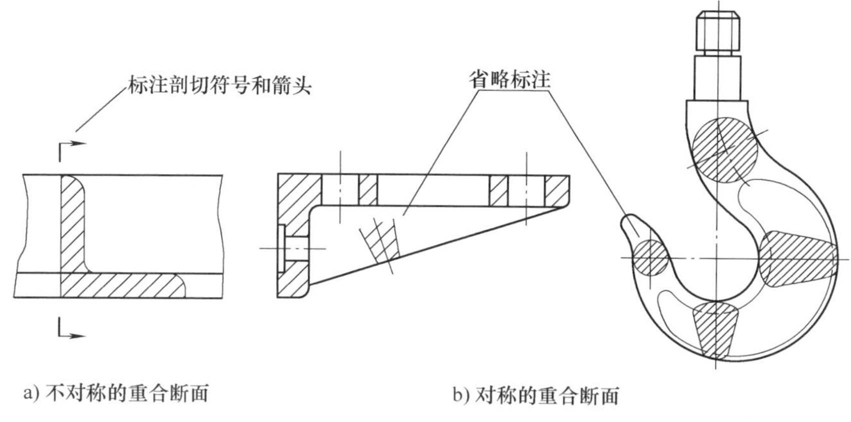

图 1-22　重合断面图

五、局部放大图和简化画法

1. 局部放大图

当零件上某些局部细小结构在视图上表达不清楚，或不便于标注尺寸时，可将该部分结构用大于原图的比例画出，这种图形称为局部放大图，如图 1-23 所示。

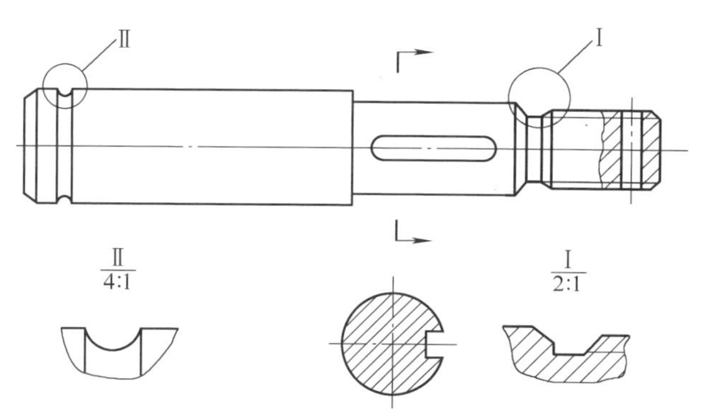

图 1-23　局部放大图示例一

画局部放大图时应注意以下两点。

1）局部放大图可以根据需要画成视图、剖视图和断面图，与被放大部分的表达方式无关，如图 1-23 所示。局部放大图应尽量配置在被放大部位的附近。

2）绘制局部放大图时，在视图上用细实线圈出被放大的部位。当同一零件上有几个被放大的部分时，必须用罗马数字依次标明被放大的部位，并在局部放大图的上方标注出相应的罗马数字和所采用的比例，如图 1-23 所示。当视图上被放大的部分仅有一处时，在局部放大图的上方只需注明所采用的比例，如

图 1-24 所示。

2. 简化画法

（1）零件上的肋板、轮辐等结构的画法　对于零件上的肋板、轮辐及薄壁等结构，当剖切平面沿纵向（通过轮辐、肋板等的轴线或对称平面）剖切时，这些结构都不画剖面符号，但必须用粗实线将它与其邻接部分分开，如图 1-25 的主视图。但当剖切平面沿横向（垂直于轴线或对称平面）剖切时，仍需画出剖面符号，如图 1-25 的俯视图。

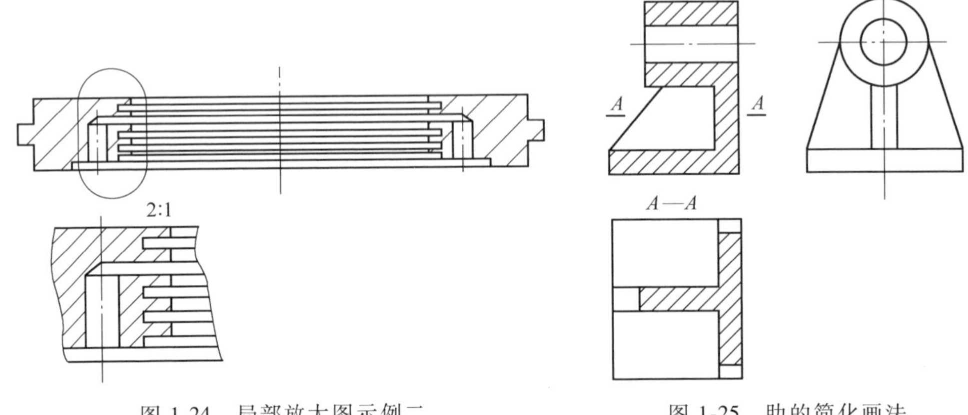

图 1-24　局部放大图示例二　　　图 1-25　肋的简化画法

对于零件回转体上均匀分布的肋板、轮辐、孔等结构不处于剖切平面上时，可将这些结构旋转到剖切平面上画出，如图 1-26 所示。

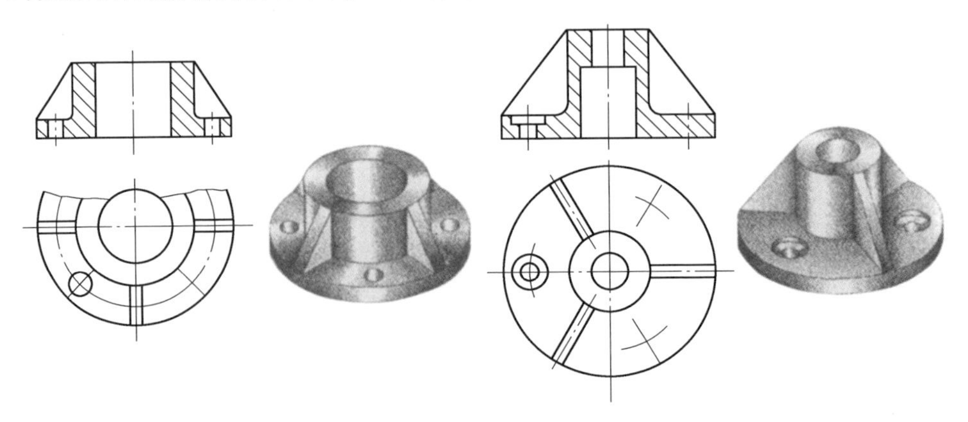

图 1-26　轮辐的简化画法

（2）相同结构要素的简化画法　当零件上具有若干相同结构要素（如孔、槽等），并按一定规律分布时，可以仅画出几个完整结构，其余用细实线相连或标明中心位置，并注明总个数即可，如图 1-27 所示。

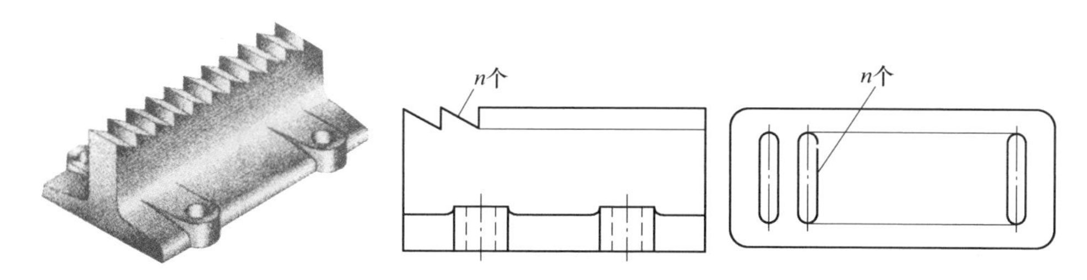

图 1-27　相同结构要素的简化画法

（3）零件上某些交线和投影的简化画法

1）在不致引起误解时，过渡线、相贯线允许简化，用圆弧或直线代替非圆曲线，如图 1-28 所示。

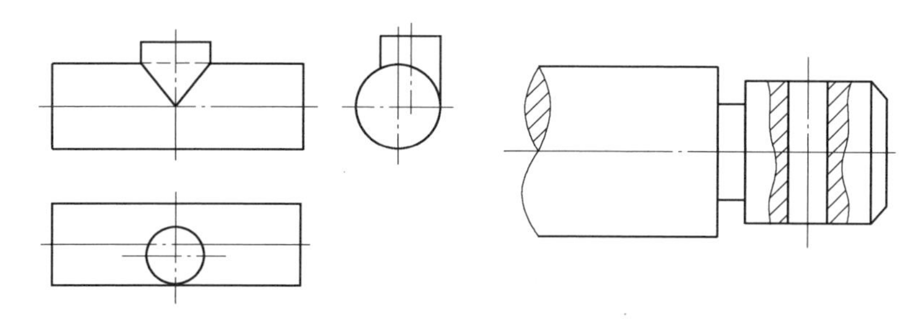

图 1-28　过渡线、相贯线的简化画法

2）与投影面倾斜角度小于或等于 30°的圆或圆弧，其投影可用圆或圆弧代替，如图 1-29 所示。

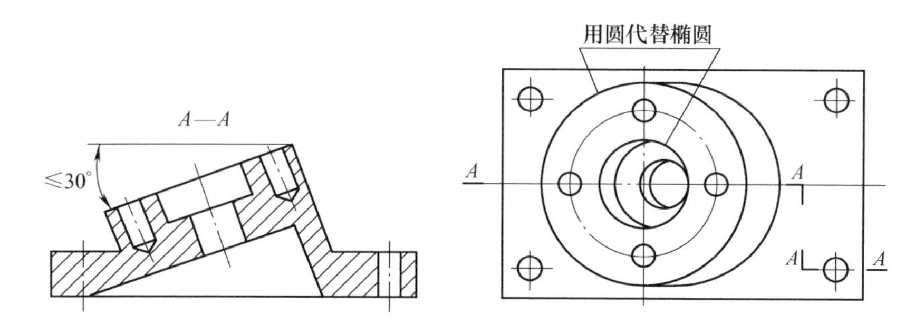

图 1-29　倾斜面的简化画法

3）当回转体零件上的平面在图形中不能充分表达时，可用两条相交的细实线表示这些平面，如图 1-30 所示。

（4）较长零件的断开画法　对于较长的零件（如轴、杆、型材、连杆等）沿长度方向的形状一致或按一定规律变化时，可将其断开后缩短绘制，但尺寸仍按机件的设计要求或实际长度标注，如图 1-31 所示。

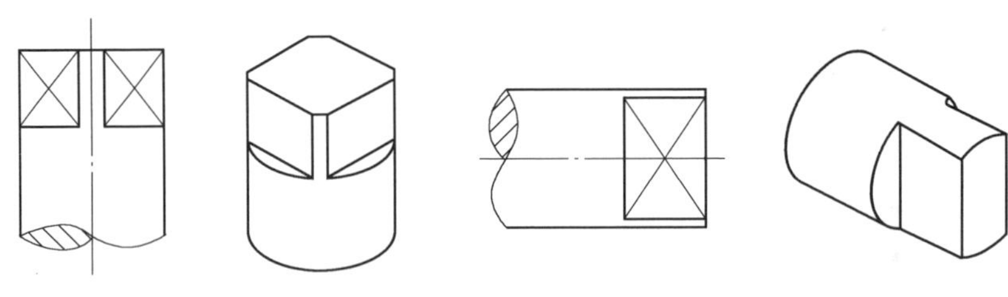

图 1-30　平面的简化画法

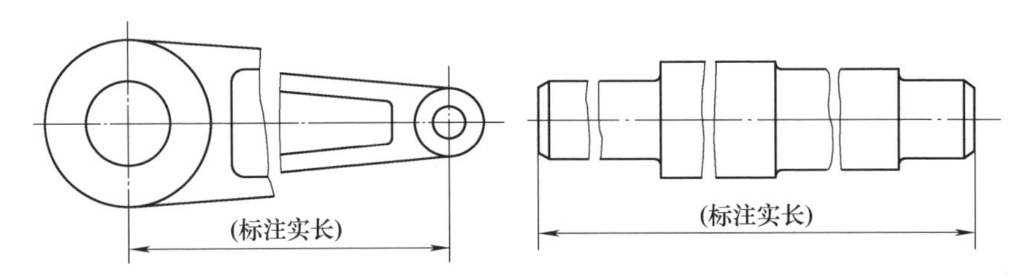

图 1-31　较长零件的断开画法

六、零件的视图的选择

零件的视图选择的基本要求是能完整、清晰地表达出零件的结构形状，并力求制图简便，容易看懂。由于组成机器的各个零件所起的作用不同，它们的结构形状也不相同，因此在视图表达上应根据具体情况进行分析，确定合理的表达方案。

1. 主视图的选择

主视图是一组零件图中最主要的一个视图，主视图的选择是否恰当，直接影响到其他视图的选择。选择主视图主要考虑以下两个方面。

（1）考虑零件的安放位置　零件的安放位置应尽量符合零件的主要加工位置或工作位置，称为“加工位置原则”或“工作位置原则”。

1）主视图应尽量与零件在机械加工时的位置一致，以便于加工时看图。

2）主视图应尽量使零件安放位置与其工作位置一致，此时便于直接与装配图对照。

（2）考虑零件的投射方向　主视图的投射方向必须最能反映零件的形状特征，即能较明显地反映出该零件的主要结构形状和各部分之间的相对位置关系。因为主视图是一组视图中的主要视图，最好能通过看主视图就基本上了解该零件的结构形状。

2. 其他视图的选择

主视图确定以后，应根据零件结构形状的复杂程度以及主视图是否表达完整、清楚，来确定是否需要其他视图，需要多少其他视图，需要采用哪些表达方法等，以弥补主视图表达的不足，达到完整、清晰地表示零件结构形状的目的。

选择其他视图时，应注意以下几点。

1）每个视图都应有明确的表达目的。对零件的内部形状与外部形状、主体形状与局部形状的表达，每个视图都应各有侧重。

2）所选的视图数量要恰当。应考虑尽量减少虚线或恰当运用少量虚线，在足以把零件各部分形状表达清楚的前提下，力求表达简练，不出现多余视图，避免重复表达。

3）尽量选用基本视图，并在基本视图上采用适当的剖视等表达方法，以表达零件主要部分的内部结构。

4）采用局部视图或斜剖视图时，应尽可能按投影关系配置在有关视图附近。

第三节　零件图的技术要求

零件图中的技术要求包括表面粗糙度、尺寸公差、形状和位置公差，对零件材料、热处理和表面处理的说明，以及对零件检验、试验的要求等。

一、表面粗糙度

1. 基本概念

表面粗糙度是指零件表面上具有的较小间距的峰谷所组成的微观几何形状特征，如图1-32所示。表面粗糙度与加工方法、工件材料、刀具、设备等因素都有密切关系。表面粗糙度是评定零件表面质量的一项重要技术指标，对于零件的配合、耐磨性、耐蚀性及密封性都有影响。

图1-32　表面粗糙度

2. 表面粗糙度的符号及代号

（1）表面粗糙度符号　表面粗糙度符号见表1-6。

表1-6　表面粗糙度符号和含义

符号	含义
 √	基本图形符号，未指定工艺方法的表面，当通过一个注释解释时，可单独使用
 √（带横线三角）	扩展图形符号，用去除材料的方法获得的表面，如车、铣、钻、磨、剪切、抛光、腐蚀、电火花加工、气割等，仅当其含义是"被加工表面"时，可单独使用

（续）

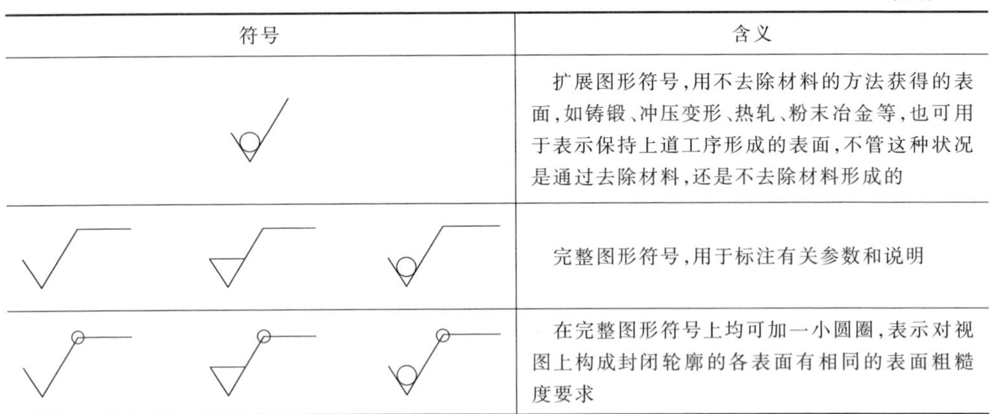

符号	含义
	扩展图形符号，用不去除材料的方法获得的表面，如铸锻、冲压变形、热轧、粉末冶金等，也可用于表示保持上道工序形成的表面，不管这种状况是通过去除材料，还是不去除材料形成的
	完整图形符号，用于标注有关参数和说明
	在完整图形符号上均可加一小圆圈，表示对视图上构成封闭轮廓的各表面有相同的表面粗糙度要求

表面粗糙度符号的画法如图 1-33 所示，$H_1=1.4h$（h 为图中字高）。

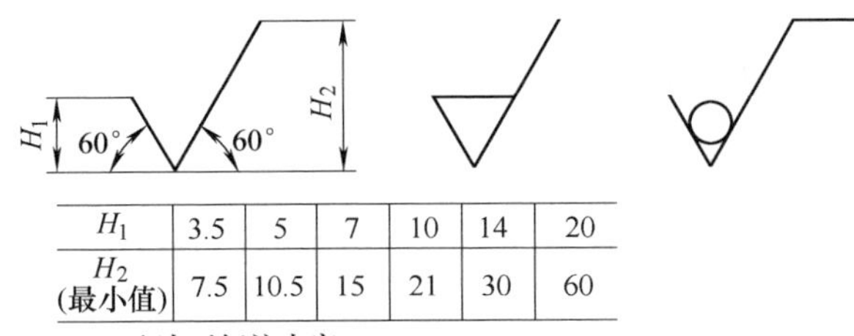

H_1	3.5	5	7	10	14	20
H_2（最小值）	7.5	10.5	15	21	30	60

H_2 取决于标注内容。

图 1-33　表面粗糙度符号的画法

（2）表面粗糙度代号　表面粗糙度符号上注写所要求的表面特征参数后即构成表面粗糙度代号。表面粗糙度的标注示例见表 1-7。

表 1-7　表面粗糙度的标注示例

序号	代号	意义
1	*Rz* 0.4	表示不允许去除材料，单向上限值，默认传输带，轮廓的最大高度 0.4μm，评定长度为 5 个取样长度（默认），“16%规则”（默认）
2	*Rz* max 0.2	表示去除材料，单向上限值，默认传输带，轮廓最大高度的最大值 0.2μm，评定长度为 5 个取样长度（默认），“最大规则”
3	U *Ra* max 3.2 L *Ra* 0.8	表示不允许去除材料，双向极限值，两极限值均使用默认传输带，上限值：算术平均偏差 3.2μm，评定长度为 5 个取样长度（默认），“最大规则”；下限值：算术平均偏差 0.8μm，评定长度为 5 个取样长度（默认），“16%规则”（默认）
4	L *Ra* 1.6	表示任意加工方法，单向下限值，默认传输带，算术平均偏差 1.6μm，评定长度为 5 个取样长度（默认），“16%规则”（默认）

（续）

序号	代号	意义
5	0.008−0.8/*Ra* 3.2	表示去除材料，单向上限值，传输带 0.008～0.8mm，算术平均偏差 3.2μm，评定长度为 5 个取样长度（默认），“16%规则”（默认）
6	−0.8/*Ra* 3 3.2	表示去除材料，单向上限值，传输带根据 GB/T 6062，取样长度 0.8mm，算术平均偏差 3.2μm，评定长度包含 3 个取样长度（即 l_n = 0.8mm×3 = 2.4mm），“16%规则”（默认）
7	铣 *Ra* 0.8 −2.5/*Ra* 3.2 ⊥	表示去除材料，两个单向上限值：①默认传输带和评定长度，算术平均偏差 0.8μm，“16%规则”（默认）；②传输带为−2.5mm，默认评定长度，轮廓的最大高度 3.2μm，“16%规则”（默认）。表面纹理垂直于视图所在的投影面。加工方法为铣削
8	0.008−4/*Ra* 50 0.008−4/*Ra* 6.3 3	表示去除材料，双向极限值：上限值 *Ra* = 50μm，下限值 *Ra* = 6.3μm；上、下极限传输带均为 0.008～4mm；默认的评定长度均为 l_n = 4×5 = 20mm；“16%规则”（默认）。加工余量为 3mm
9	√ *Y*　*Z*	简化符号：符号及所加字母的含义由图样中的标注说明

3. 表面粗糙度的标注规则

1）表面粗糙度代号、符号应标注在可见轮廓线、尺寸线、引出线或它们的延长线上，且每个表面只标注一次。

2）符号尖端必须从材料外指向被标注表面。必要时，也可用带黑点或箭头的指引线引出标注。

3）表面粗糙度的注写和读取方向与尺寸的注写和读取方向一致。

二、极限与配合

在成批或大量生产中，要求零件具有互换性。互换性是指装配机器或部件时，在一批规格相同的零件中任取一件装配到机器或部件上，不需修配就能满足使用要求。为保证零件的互换性，必须将零件的实际尺寸控制在允许的变动范围内，这个允许的变动范围称为尺寸公差。

1. 公差的有关术语

公差基本术语和公差带如图 1-34 所示。

（1）基本尺寸　设计给定的尺寸即为基本尺寸，本例中基本尺寸为 ϕ80mm。

（2）极限尺寸　允许尺寸变动的两个极限值，即最大尺寸和最小尺寸。本

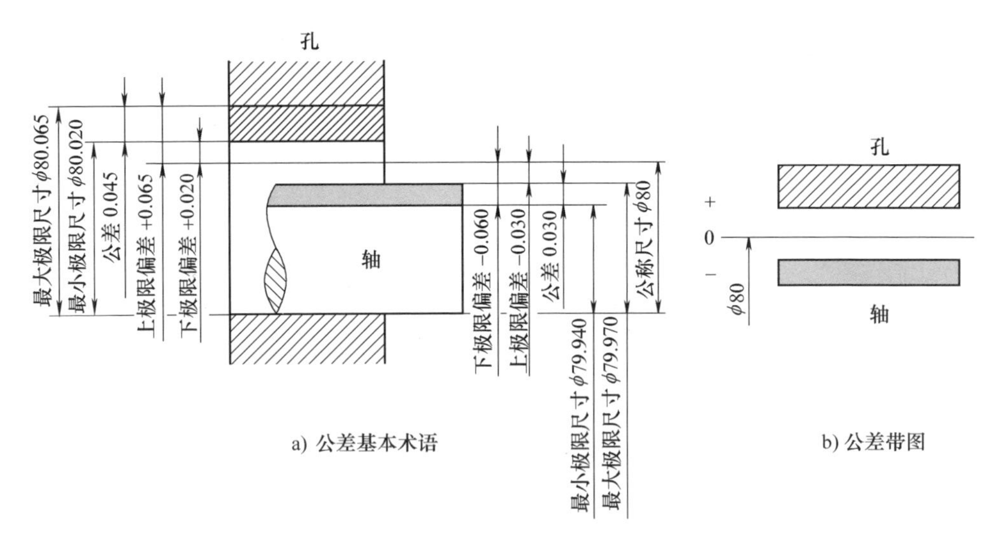

图 1-34　公差基本术语和公差带图

例中孔和轴允许的最大尺寸分别为 80.065mm 和 79.970mm；孔和轴允许的最小尺寸分别为 80.020mm 和 79.940mm。

（3）极限偏差　极限尺寸减基本尺寸所得的代数差，即为极限偏差。最大尺寸减基本尺寸所得的代数差称为上偏差，最小尺寸减基本尺寸所得的代数差称为下偏差。

孔的上、下偏差分别用 ES 和 EI 表示，轴的上、下偏差分别用 es 和 ei 表示。

本例中，孔的上偏差（ES）= 80.065mm−80mm = +0.065mm，下偏差（EI）= 80.020mm − 80mm = + 0.020mm；轴的上偏差（es）= 79.970mm − 80mm = −0.030mm，下偏差（ei）= 79.940mm−80mm = −0.060mm。

（4）尺寸公差（简称公差）　允许尺寸的变动量，即最大尺寸减最小尺寸或上偏差减下偏差。本例中，孔的公差 = 80.065mm − 80.020mm = (+0.065mm) − (+0.020mm) = 0.045mm；轴的公差 = 79.970mm − 79.940mm = (−0.030mm) − (−0.060mm) = 0.030mm。

（5）公差带　公差带表示公差范围和相对 0 线位置的一个区域。为了简便，一般只画出孔和轴的上、下偏差围成的方框简图，称为公差带图，如图 1-34b 所示。在公差带图中，0 线是表示基本尺寸的一条直线，0 线上方的偏差为正值，下方的偏差为负值。

（6）标准公差和基本偏差　公差带由大小和位置两个要素确定。

1）公差带大小由标准公差来确定。标准公差分为 20 个等级，即 IT01、IT0、IT1、…、IT18。IT 表示标准公差，数字表示公差等级。IT01 公差值最小，精度最高；IT18 公差值最大，精度最低。

2）公差带相对0线的位置由基本偏差来确定，基本偏差通常是指靠近0线的那个偏差。当公差带在0线的上方时，基本偏差为下偏差；反之则为上偏差，如图1-35所示。

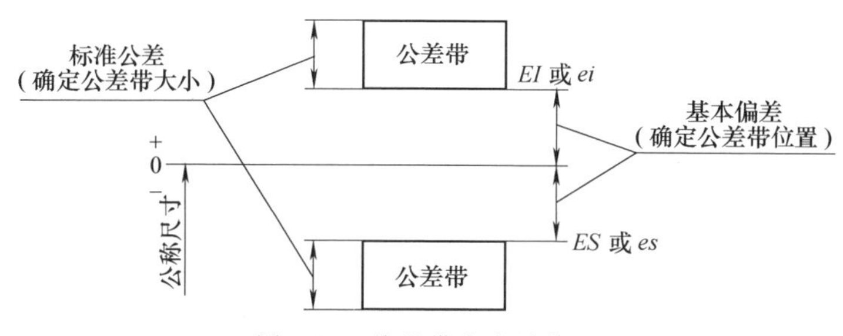

图1-35　公差带大小及位置

3）国家标准对孔和轴分别规定了28个基本偏差，如图1-36所示。轴的基本偏差代号用小写字母，孔的基本偏差代号用大写字母。基本偏差系列图只表示公差带的位置，不表示公差带大小，因此公差带一端是开口的，另一端由标准公差限定。

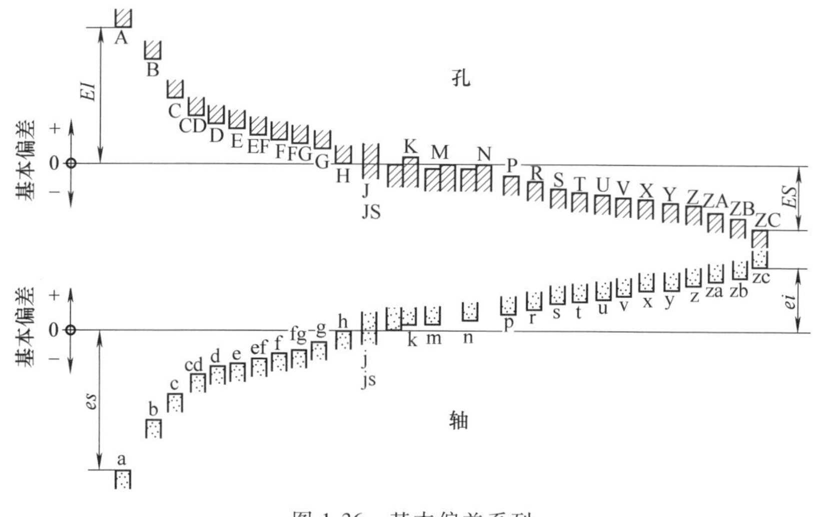

图1-36　基本偏差系列

（7）公差带代号　孔和轴的公差带代号由基本偏差代号与公差等级代号组成。

2. 配合

配合是指基本尺寸相同的相互结合的孔和轴公差带之间的关系。根据使用要求不同，孔与轴之间的配合有松有紧。为此，国家标准规定配合分为间隙配合、过盈配合及过渡配合三类。

（1）间隙配合　间隙配合如图 1-37 所示，孔的实际尺寸总比轴的实际尺寸大，装配在一起后，轴与孔之间有间隙（包括最小间隙为零的情况），轴在孔中能自由转动。这时，孔的公差带在轴的公差带之上。

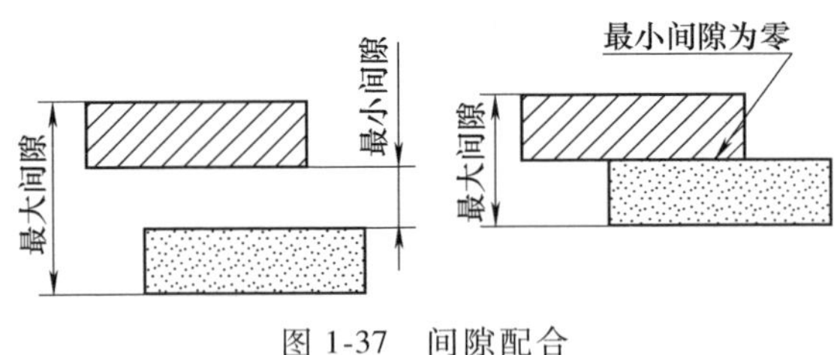

图 1-37　间隙配合

（2）过盈配合　过盈配合如图 1-38 所示，孔的实际尺寸总比轴的实际尺寸小，在装配时需要一定的外力才能把轴压入孔中，所以轴与孔装配在一起后不能产生相对运动。这时，孔的公差带在轴的公差带之下。

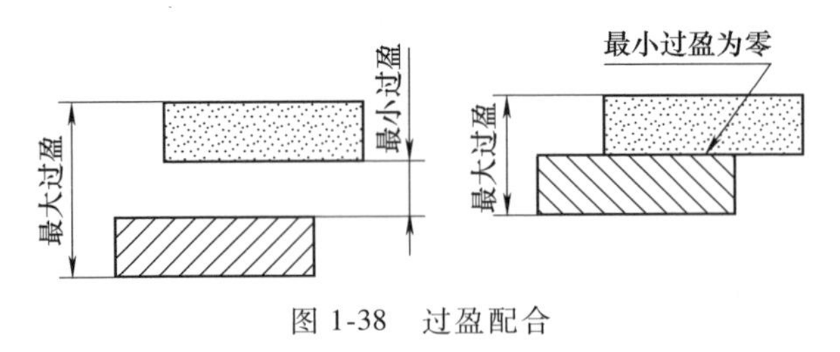

图 1-38　过盈配合

（3）过渡配合　过渡配合如图 1-39 所示，轴的实际尺寸比孔的实际尺寸有时小，有时大。装配在一起后，可能出现间隙或过盈，但间隙或过盈相对较小。这种介于间隙与过盈之间的配合称为过渡配合。这时孔的公差带与轴的公差带相互重叠。

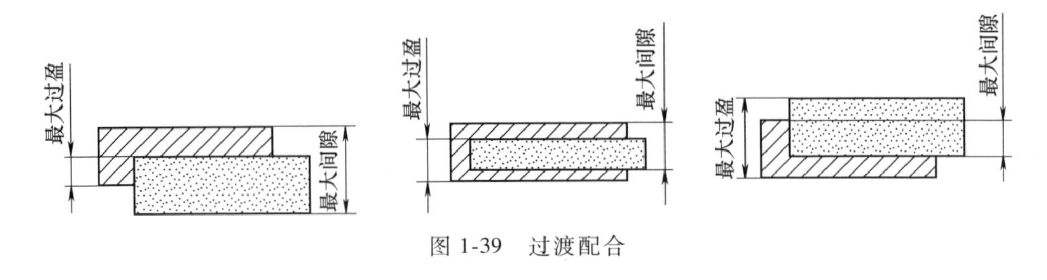

图 1-39　过渡配合

3. 配合制

在制造相互配合的零件时，将一种零件作为基本偏差固定的基准件，通过改变另一种零件的基本偏差来获得各种不同性质配合的制度称为配合制。根据生产实际需要，国家标准规定了两种配合制。

（1）基孔制配合　基本偏差为一定的孔的公差带，与不同基本偏差的轴的公差带形成各种配合的一种制度。基孔制配合的孔称为基准孔，其基本偏差代号为 H，下偏差为零，即它的最小尺寸等于基本尺寸，如图 1-40 所示。

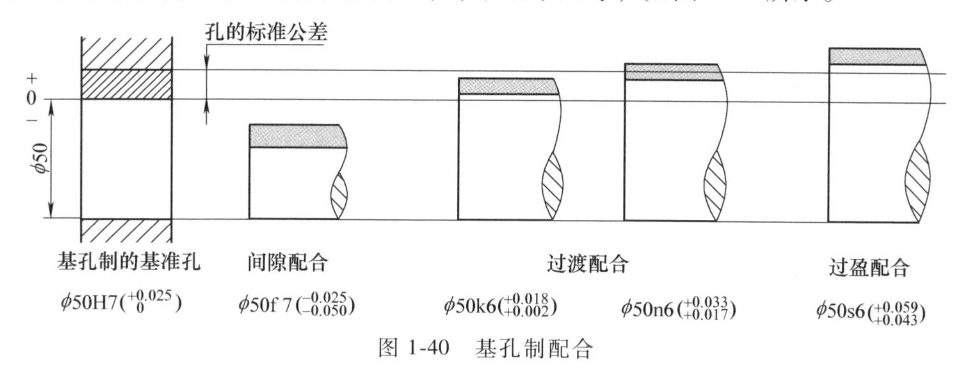

图 1-40　基孔制配合

（2）基轴制配合　基本偏差为一定的轴的公差带，与不同基本偏差的孔的公差带形成各种配合的一种制度。基轴制配合的轴称为基准轴，其基本偏差代号为 h，其上偏差为零，即它的最大尺寸等于基本尺寸，如图 1-41 所示。

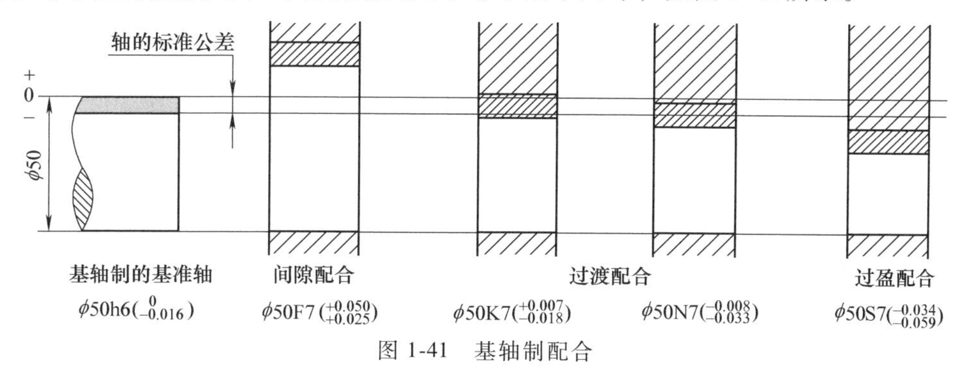

图 1-41　基轴制配合

4. 极限与配合的标注

（1）在装配图上的标注方法　在装配图上标注配合代号采用组合式标注，如图 1-42a 所示，在基本尺寸后面用分式表示，分子为孔的公差带代号，分母为轴的公差带代号。通常分子中含 H 的为基孔制配合，分母中含 h 的为基轴制配合。

（2）在零件图上的标注方法　在零件图上标注公差有三种形式。

1）在基本尺寸后只注公差带代号，如图 1-42b 所示，用同号字体书写。这种形式用于成批生产的零件图。

2）在基本尺寸后只注极限偏差，如图 1-42c 所示。上偏差注写在基本尺寸的右上方，下偏差注写在基本尺寸的同一底线上，偏差值的字号比基本尺寸数字的字体小一号。这种形式用于单件或小批量生产的零件图。

3）在基本尺寸后注出公差带代号和偏差数值（偏差数值加括号），如图 1-42d 所示，这种形式用于生产批量不确定的零件图。

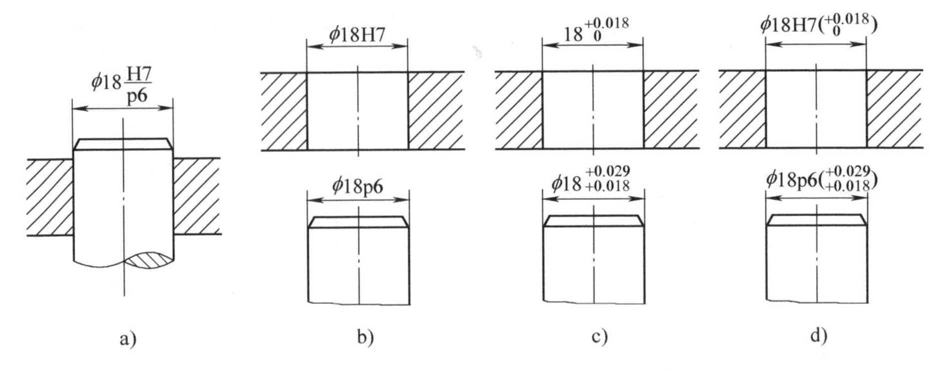

图 1-42 图样上极限与配合的标注形式

三、几何公差

1. 基本概念

设计时，在图样上给出的零件都是由具有理想形状、方向及位置的尺寸要素构成的。在加工过程中，由于机床、夹具、刀具和零件所组成的工艺系统本身具有一定的误差，以及受力变形、热变形、振动、磨损等各种因素的影响，使加工后零件各尺寸要素的形状、方向及其相对位置偏离理想状态而产生误差，这种误差称为几何误差，如图 1-43 所示。

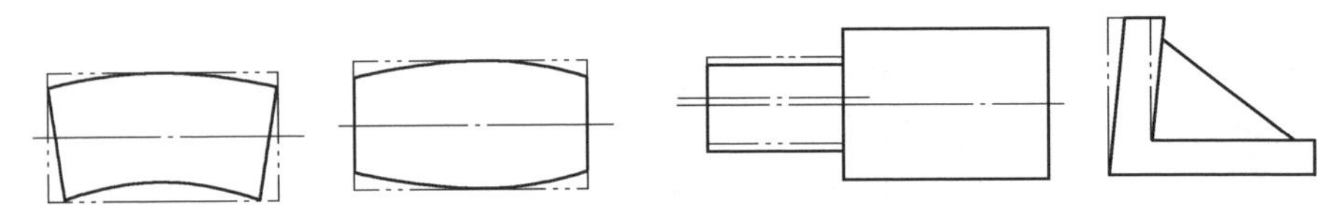

图 1-43 几何误差示意图

2. 几何公差的代号

几何公差的代号包括公差特征项目符号、公差框格及指引线、公差数值和其他有关符号、基准符号等，如图 1-44 所示。几何特征符号见表 1-8。

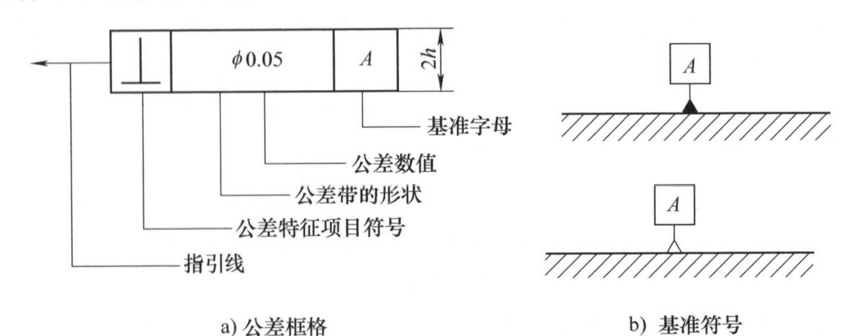

图 1-44 公差框格及基准符号

表 1-8　几何特征符号

公差	特征项目	符号	是否需要基准	公差	特征项目	符号	是否需要基准
形状	直线度	—	否	定向	线轮廓度	⌒	是
	平面度	▱	否		面轮廓度	⌓	是
	圆度	○	否	定位	位置度	⌖	是
	圆柱度	⌭	否		同轴(同心)度	◎	是
	线轮廓度	⌒	否		对称度	⌯	是
	面轮廓度	⌓	否		线轮廓度	⌒	是
定向	平行度	//	是		面轮廓度	⌓	是
	垂直度	⊥	是	跳动	圆跳动	↗	是
	倾斜度	∠	是		全跳动	⌰	是

3. 几何公差的标注

1）当被测要素为线或表面时，指引线的箭头应指在被测要素的轮廓线或其延长线上，并应明显地与尺寸线错开；当被测要素为轴线、中心平面时，指引线的箭头应与该要素的尺寸线对齐，如图 1-45 所示。

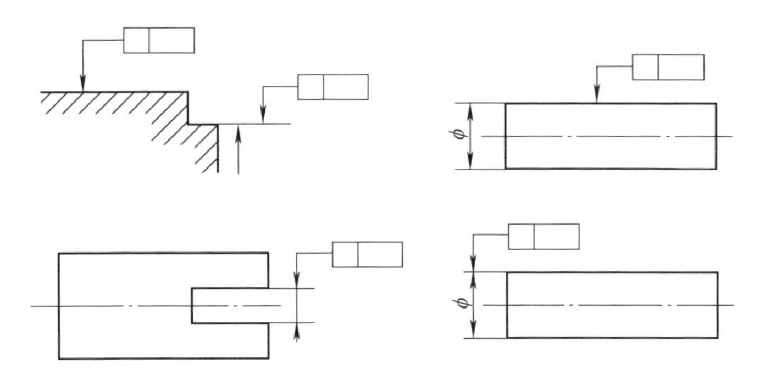

图 1-45　指引线的画法

2）当基准要素是线或表面时，基准符号应靠近该要素的轮廓线或其延长线标注，并应明显地与尺寸线错开；当基准要素是中心平面或轴线时，基准符号中的直线应与尺寸线对齐，如图 1-46 所示。

3）多个被测要素有相同的几何公差要求时，可以从一个框格的同一端引出多个指引线箭头，如图 1-47a 所示；同一个被测要素有多项几何公差要求时，可

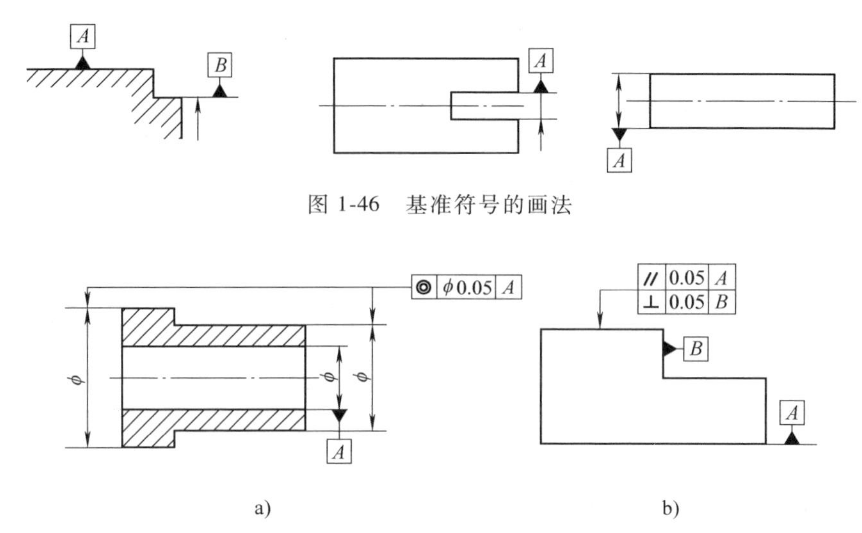

图 1-46　基准符号的画法

图 1-47　简化标注

在一个指引线上画出多个公差框格，如图 1-47b 所示。

4）两个或两个以上的被测要素组成的基准称为组合基准，如公共轴线、公共中心平面。组合基准的字母之间用横线相连，并书写在公差框格的同一个格子内，如图 1-48 所示。

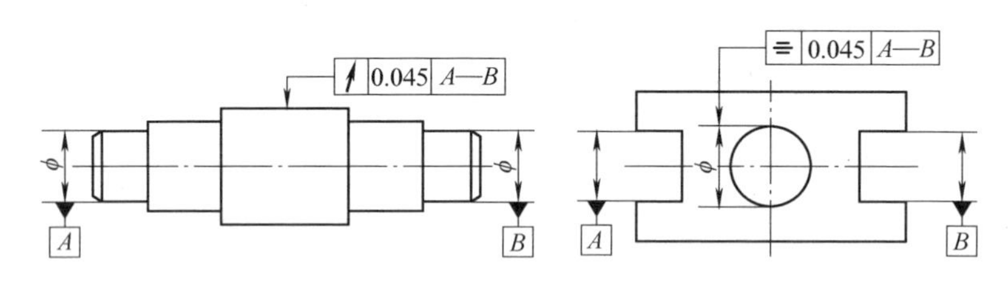

图 1-48　组合基准的注法

第四节　零件图的识读

任何机器或部件都是由若干零件按一定的装配关系和技术要求组装而成的，因此零件是组成机器或部件的基本单位。制造机器时，先按零件图要求制造出全部零件，再按装配图要求将零件装配成机器或部件。

一、零件图的作用和内容

表示零件结构、大小和技术要求的图样称为零件图。它是制造和检验零件的依据，是组织生产的主要技术文件之一。

图 1-49 所示为拨叉的零件图。从中可以看出，一张完整的零件图，应该包括以下几方面内容。

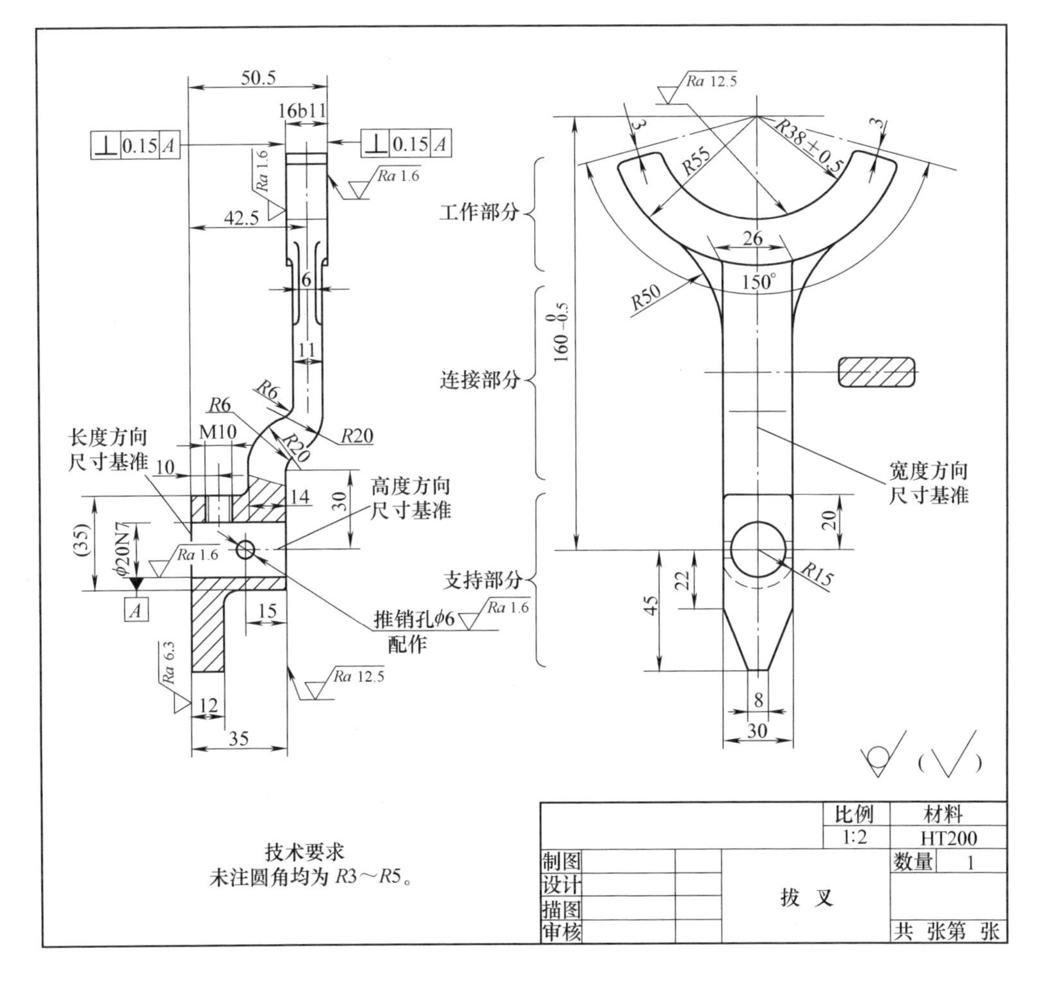

图 1-49　拨叉零件图

（1）一组图形　用一定数量的视图、剖视图、断面图、局部放大图等，完整、清晰地表达零件的结构和形状。

（2）一组尺寸　正确、完整、清晰、合理地标注出制造和检验零件所需的全部尺寸。

（3）技术要求　用规定的代号和文字，注写制造、检验零件所应达到的技术要求，如表面粗糙度、极限与配合、几何公差、热处理及表面处理等。

（4）标题栏　在图样的右下角绘有标题栏，填写零件的名称、数量、材料、比例、图号以及设计、绘图人员的签名等。

二、零件图的尺寸标注

零件图上的尺寸是制造、检验零件的重要依据，生产中要求零件图中的尺寸不允许有任何差错。在零件图上标注尺寸，除要求正确、完整和清晰外，还应考虑合理性，既要满足设计要求，又要便于加工、测量。

1. 关于尺寸

（1）功能尺寸　功能尺寸是指对于零件的工作性能、装配精度及互换性起重要作用的尺寸。功能尺寸对于零件的装配位置或配合关系有决定性的作用，因而常具有较高的精度。这些尺寸是尺寸链中重要的一环，常为了满足设计要求而直接注出。如图1-50中有装配要求的配合尺寸（ϕ74H7），有连接关系的定位尺寸、中心距（53mm、91±0.01mm）等。

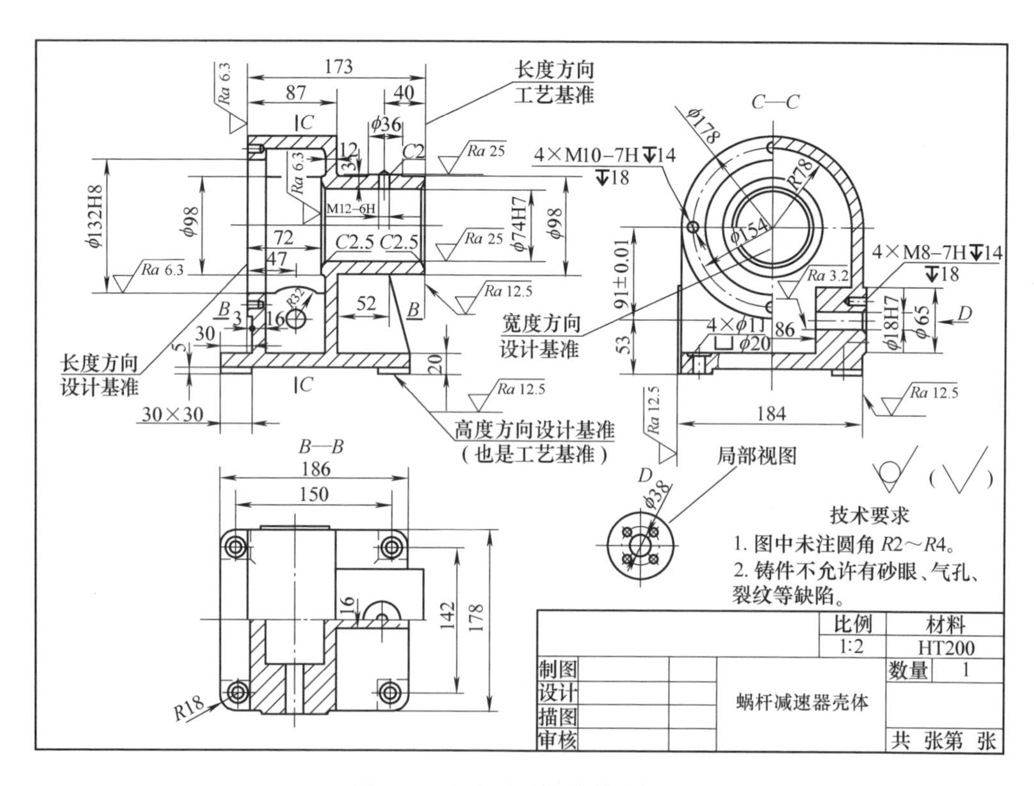

图1-50　蜗杆减速器壳体零件图

（2）非功能尺寸　非功能尺寸是指不影响零件的装配关系和配合性能的一般结构尺寸。这些尺寸一般精度都不高，如无装配关系的外形轮廓尺寸、不重要的工艺结构（如倒角、退刀槽、凹槽、凸台、锪孔、倒角等）的尺寸等。

（3）公称尺寸　公称尺寸是某一要素或零件尺寸的名义值。例如，平垫圈的公称尺寸是与之相配的螺栓的公称直径，而实际上该垫圈的孔径要大于这个公称尺寸。

（4）基本尺寸　基本尺寸是设计时给定的，用以确定结构大小或位置的尺寸。基本尺寸又是确定尺寸公差的基数，它与公称尺寸的性质是不同的。

（5）参考尺寸　参考尺寸是指在图样中不起指导生产和检验作用的尺寸。它仅仅是为了便于看图方便而给出的参考性尺寸。参考尺寸只有基本尺寸而不带公差，为了区别于其他未注公差的尺寸，标注时加圆括号表示。

（6）重复尺寸　重复尺寸是指某一要素的同一尺寸在图样中重复注出，或对零件的结构尺寸注成封闭的尺寸链，因其中一环由图样中的其他尺寸和存在的几何关系可以推算出来，此时又不加圆括号者，都称为重复尺寸。零件每一要素的尺寸一般都只能标注一次，不应重复出现，以避免尺寸之间产生不一致或相互矛盾的错误。

2. 正确地选择尺寸基准

要合理地标注尺寸，必须恰当地选择尺寸基准，即尺寸基准的选择应符合零件的设计要求，并便于加工和测量。零件的底面、端面、对称面、主要的轴线和中心线等都可作为基准。

（1）设计基准和工艺基准　根据机器的结构和设计要求，用以确定零件在机器中位置的一些面、线、点，称为设计基准。根据零件加工制造、测量和检验等工艺要求所选定的一些基准，称为工艺基准。

如图 1-50 所示，ϕ18H7 孔的高度是影响蜗杆减速器工作性能的功能尺寸，其轴线以底面为基准，以保证孔到底面的高度。其他高度方向的尺寸，如 5mm、20mm 均以底面为基准。蜗杆减速器壳体宽度方向的定位尺寸，均以其前后对称面为基准，以保证蜗杆减速器壳体外形及内腔的对称关系，例如图中的尺寸 184mm、86mm、142mm、178mm、R78mm、ϕ154mm、ϕ178mm 等。蜗杆减速器壳体的底面和前后对称面，都是满足设计要求的基准，是设计基准。

蜗杆减速器壳体上方 M12-6H 螺孔的定位尺寸，若以蜗杆减速器壳体的左端为基准标注，就不易测量和加工。应以右端面为基准来标注尺寸 40mm，测量和加工时都方便，故右端面是工艺基准。

标注尺寸时，应尽量使设计基准与工艺基准重合，使尺寸既能满足设计要求，又能满足工艺要求。蜗杆减速器壳体底面是设计基准，加工时又是工艺基准。二者不能重合时，主要尺寸应从设计基准出发来标注。

（2）主要基准与辅助基准　每个零件都有长、宽、高三个方向的尺寸，每个方向至少有一个尺寸基准，且都有一个主要基准，即决定零件主要尺寸的基准。如图 1-50 中的蜗杆减速器壳体底面为高度方向的主要基准，左端面为长度方向的主要基准，前后对称面为宽度方向的主要基准。

为了便于加工和测量，通常还附加一些尺寸基准，这些除主要基准外另选的基准为辅助基准。辅助基准必须有尺寸与主要基准相联系。如蜗杆减速器壳体长度方向的主要基准是左端面，而右端面为辅助基准（工艺基准），辅助基准与主要基准之间联系尺寸为173mm。

3. 合理标注尺寸的原则

（1）功能尺寸应直接标注　为保证设计的精度要求，功能尺寸应直接注出。如图1-51a所示的装配图表明了零件凸块与凹槽之间的配合要求。在零件图中应直接注出功能尺寸$20_{-0.021}^{0}$mm和$20_{0}^{+0.033}$mm以及6mm、7mm，这样能保证两零件的配合要求，如图1-51b所示。而图1-51c中的尺寸则需经计算得出，是错误的标注。

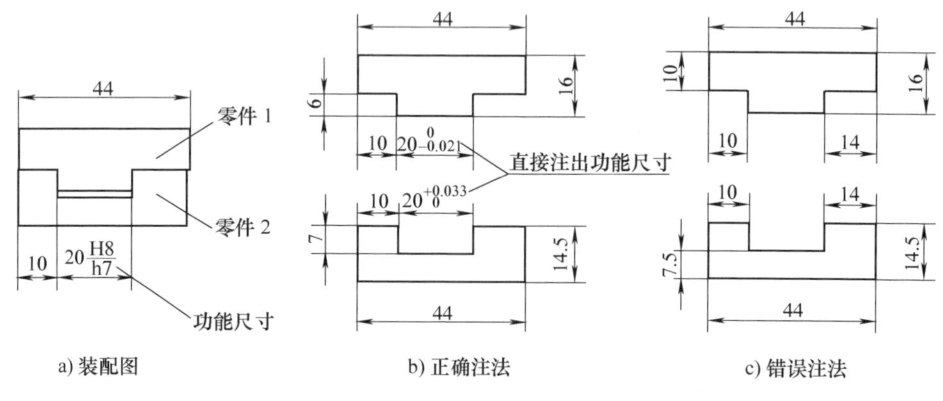

图1-51　直接注出功能尺寸

（2）避免标注成封闭的尺寸链　图1-52所示为阶梯轴，在图1-52a中，长度方向的尺寸a、b、c、d首尾相连，构成一个封闭的尺寸链。因为封闭尺寸链中每个尺寸的精度都将受链中其他各尺寸误差的影响（即$b+c+d\neq a$），加工时很难保证总长尺寸a的精度。所以在这种情况下，应当挑选一个不重要的尺寸空出不注（称为开口环），以使尺寸误差累积在此处，如图1-52b中的尺寸注法。

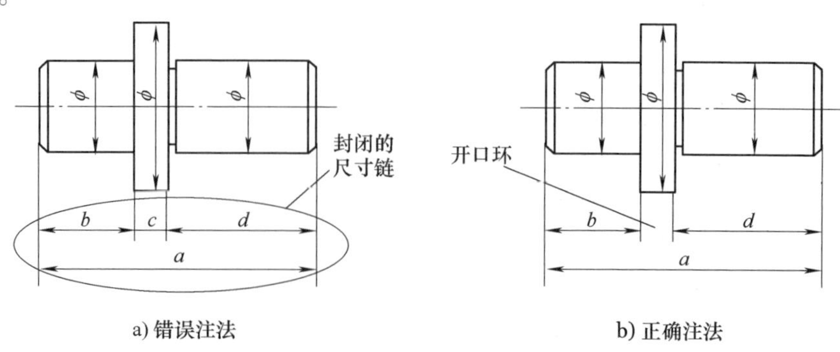

图1-52　避免标注成封闭的尺寸链

（3）应考虑加工方法，符合加工顺序　为使不同工种的工人看图方便，应将零件上的加工面与非加工面尺寸尽量分别注在图形的两边，如图 1-53 所示。对同一工种的加工尺寸，要适当集中标注，以便于加工时查找，如图 1-54 所示。

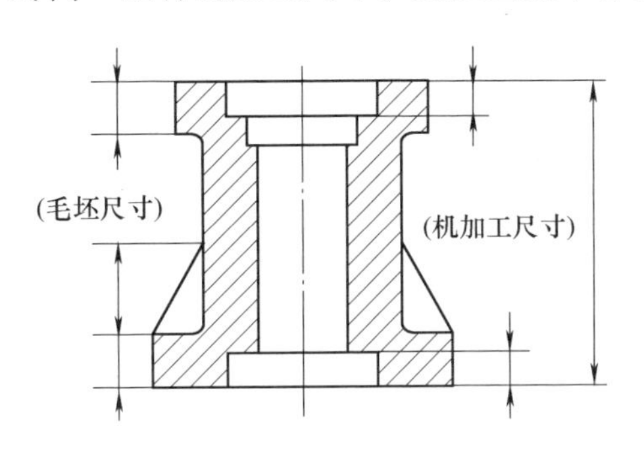

图 1-53　加工面与非加工面的尺寸注法　　图 1-54　同工种加工的尺寸注法

（4）考虑测量方便　孔深尺寸的标注，除了便于直接测量，也要便于调整刀具的进给量。图 1-55b 中的孔深尺寸 14mm、18mm 的标注法则不便于用深度尺直接测量；图 1-55d 中的尺寸 5mm、5mm、29mm，在加工时无法直接测量；套筒的外径需经计算才能得出。

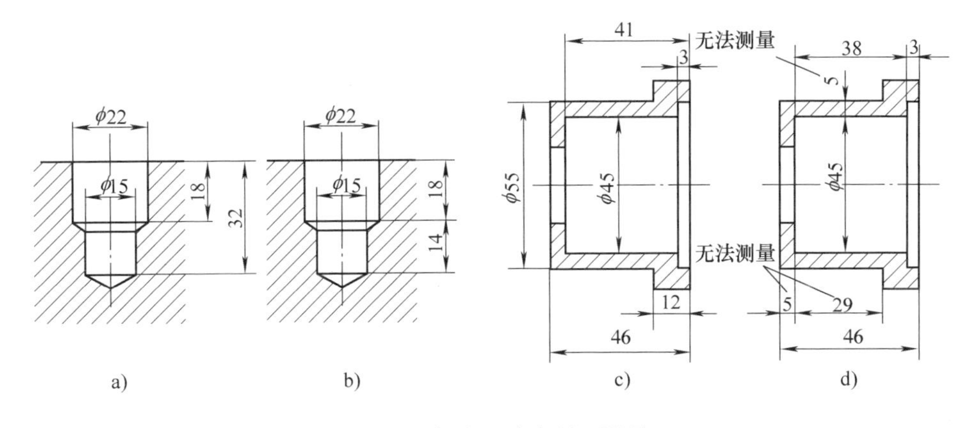

图 1-55　标注尺寸应便于测量
注：图 a、c 为正确注法　图 b、d 为错误注法

（5）长圆孔的尺寸标注　零件上长圆形的孔或凸台，由于作用和加工方法的不同，而有不同的尺寸标注法。

在一般情况下（如键槽、散热孔以及在薄板零件上冲出的加强肋等），采用第一种标注法，如图 1-56 所示。

当长圆孔是装入螺栓时，中心距就是允许螺栓变动的距离，也是钻孔的定位尺寸，采用第二种标注法。

在特殊情况下，可采用特殊标注法，此时宽度“8”与半径“*R*4”不认为是重复尺寸。

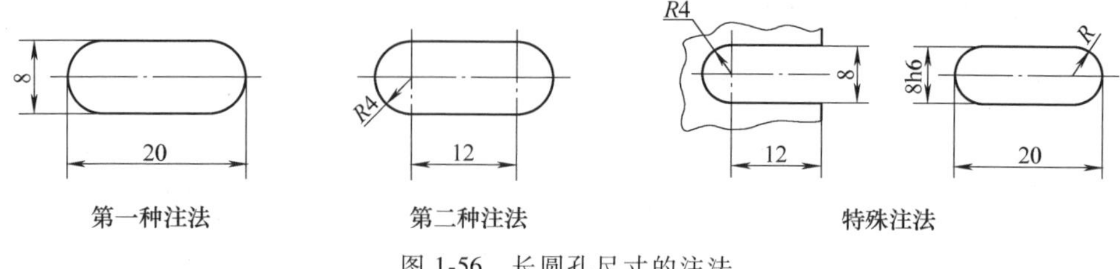

图 1-56 长圆孔尺寸的注法

三、读零件图

1. 读图的要求

读零件图的要求是了解零件的名称、所用材料和它在机器或部件中的作用，并通过分析视图、尺寸和技术要求，想象出零件各组成部分的结构形状及相对位置。从而在头脑中建立起一个完整的、具体的零件形象，并对其复杂程度、精度和制作方法做到心中有数，以便于设计加工工艺。

2. 读图的方法和步骤

（1）读图的方法 读零件图的基本方法仍是以形体分析为主，线、面分析为辅。

零件图一般视图数量较多，尺寸及各种代号繁杂，但对每一个基本形体来说，仍然是只要用 2~3 个视图就可以确定它的形状。看图时，只要在视图中找出基本形体的形状特征或位置特征明显之处，并从它入手，用“三等”规律在另外视图中找出其对应投影，就可较快地将每个基本形体“分离”出来。这样就可将一个比较复杂的问题分解成几个简单的问题了。

（2）读图的步骤

1）读标题栏，了解零件的名称、材料、画图比例、质量等。联系典型零件的分类，对零件有一个初步认识。

2）纵览全图，了解所有视图的名称、剖切位置、投影方向，明确各视图之间的关系，辨认视图间的方位等。

3）分析视图，想象形状。在纵览全图的基础上，详细分析视图，想象出零件的形状。要先看主要部分，后看次要部分；先看容易确定、能够看懂的部分，后看难以确定、不易看懂的部分；先看整体轮廓，后看细节形状。也就是说，应用形体分析的方法，抓特征部分，分别将组成零件各个形体的形状想象出来。对于局部投影难解之处，要用线、面分析的方法仔细分析，辨别清楚。最后将其综合起来，搞清它们之间的相对位置，想象出零件的整体形状。

4）分析尺寸和技术要求。在分析零件图上的尺寸时，首先要确定出三个方向的尺寸基准，然后用形体分析的方法，找出各组成部分的定形尺寸和定位尺寸，并分析尺寸标注是否完整。看技术要求时，关键要弄清楚哪些部位的要求比较高，以便考虑在加工时采取什么措施予以保证等。

3. 读图举例

下面以图 1-57 为例，说明读零件图的方法和步骤。

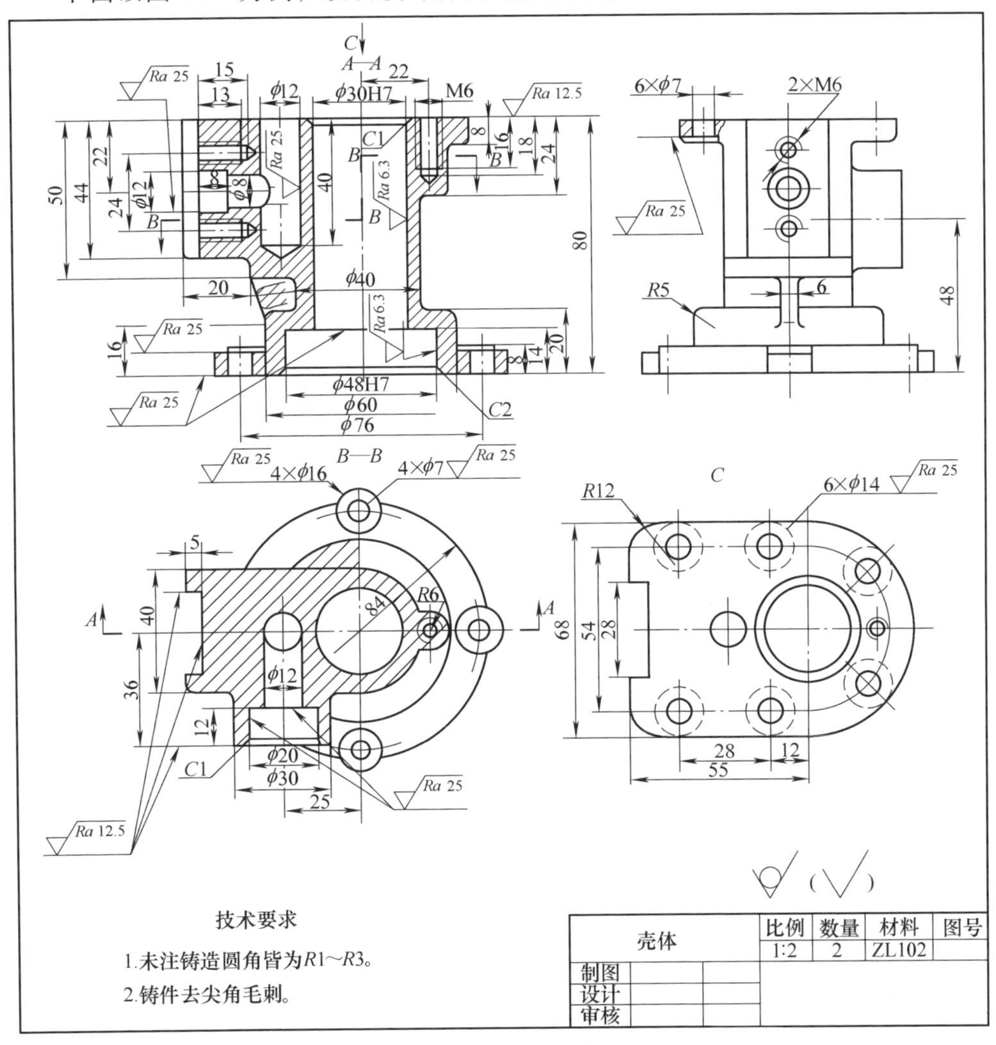

图 1-57　壳体的零件图

（1）读标题栏　该零件的名称是壳体，材料是铸造铝合金，画图比例为 1：2，属箱体类零件。

（2）纵览全图，明确各视图之间的关系　该零件图有 4 个图形，即主、俯、左 3 个视图和 1 个局部剖视图。主视图用单一剖切面作全剖视；左视图在锪平孔处做局部剖；俯视图是用两个平行的剖切平面剖切获得的全剖视图；局部视图则为外形图。该件属箱体类零件，细小结构较多。

（3）分析视图，想象形状　通过全剖视的主视图看清该零件的内部主要结构及其形状；通过全剖视的俯视图看出其被剖切部分的内、外结构以及底板的形状；由其他两个外形图可以看出该零件大致的外部形状。由此粗略地分析可知：该壳体由主体圆筒，上、下底板和两个凸缘等部分组成。

再按其组成部分，分别想象出它们的形状。其中较难看懂的部分则是左凸缘的形状及其与圆筒和上底板的连接情况。由俯视图中的横断面形状可知，该凸缘的基本形体为一长方体（与左视图相对照），在其左端的居中处开一方槽；其前、后两平面与圆筒相切（通过尺寸 40mm、ϕ40mm 也可想象出），凸缘与上底面相连，左端共面，方槽相通。如此一部分一部分地看，再将其综合起来，就可以想象出该壳体的形状，其外观如图 1-58 所示。

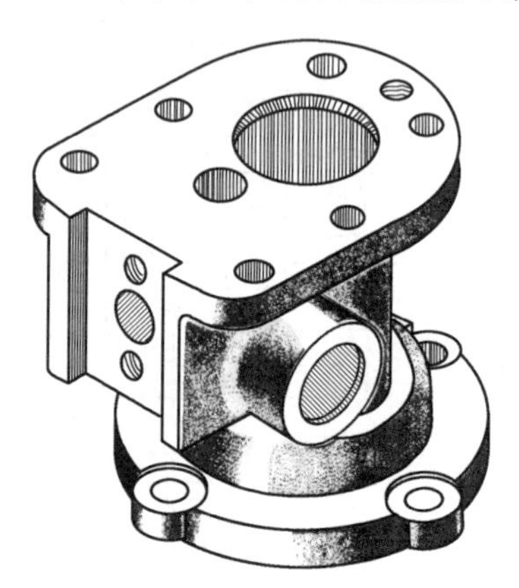

图 1-58　壳体的轴测图

（4）分析尺寸和技术要求　通过形体分析和图 1-57 中的尺寸分析可以看出，壳体的长度方向尺寸基准是通过主体圆筒轴线的侧平面，宽度方向尺寸基准是通过该圆筒轴线的正平面，高度方向的尺寸基准是底板的底面。从这 3 个尺寸基准出发，进一步分析各部分的定形尺寸和定位尺寸，就可以完全想象出这个壳体的形状和大小了。

从图 1-57 中可以看出，主体圆筒中的上、下两个孔（ϕ30H7mm、ϕ48H7mm）都是基准孔，有公差要求，其表面粗糙度用去除材料的方法获得。壳体的顶面和底面，通过所标注表面粗糙度代号可知，也是用去除材料的方法得到的，以便与其他零件的连接。

通过技术要求可知，铸件毛坯需经时效处理才可进行机械加工。图中未注的铸造圆角半径均为 $R1 \sim R3$mm。

将上述各项内容综合起来，就能够对这个壳体零件建立起一个总体概念了。

焊接结构装配图的识读

对于一般的焊接结构或产品，设计人员如果在图样上采用图形及文字来描述焊接结构的装配施工条件是比较复杂的，而采用各种代号和符号则可简单明了地画出结构焊接接头的类型、形状、尺寸、位置、表面状况、焊接方法以及与焊接有关的各项标准的质量要求，有利于制造者准确无误地进行装配和施工。焊接工程技术人员只有全面理解、搞清设计意图，看懂焊接装配图，才能按图样要求完成结构的焊接装配，制造出优质合格的焊接结构产品。

第一节　焊接结构装配图的组成

焊接结构装配图主要用于制造和检验焊接结构件，一般由以下内容组成，如图 2-1 所示。

（1）一组图形　用一般和特殊的表达方法，正确、完整、清晰地表达装配体的工作原理，以及零件之间的装配关系、连接关系和零件的主要结构形状。对于焊接结构装配图来说，除了包含与焊接有关的内容外，还有其他加工所需的全部内容。

（2）必要的尺寸　标注出表示装配体性能、规格及装配、检验、安装时所需的尺寸。

（3）技术要求　用文字说明装配体在装配、检验、调试、使用和维护时需遵循的技术条件和要求等。焊接装配图是用代号（符号）或文字等注写出结构件在制造和检验时的各项质量要求的，如焊缝质量、表面修理、校正、热处理以及几何公差等。

（4）零件序号、标题栏和明细栏　序号是对装配体上的每一种零件按顺序的编号；标题栏一般应注明单位名称、图样名称、图样代号、绘图比例、装配体

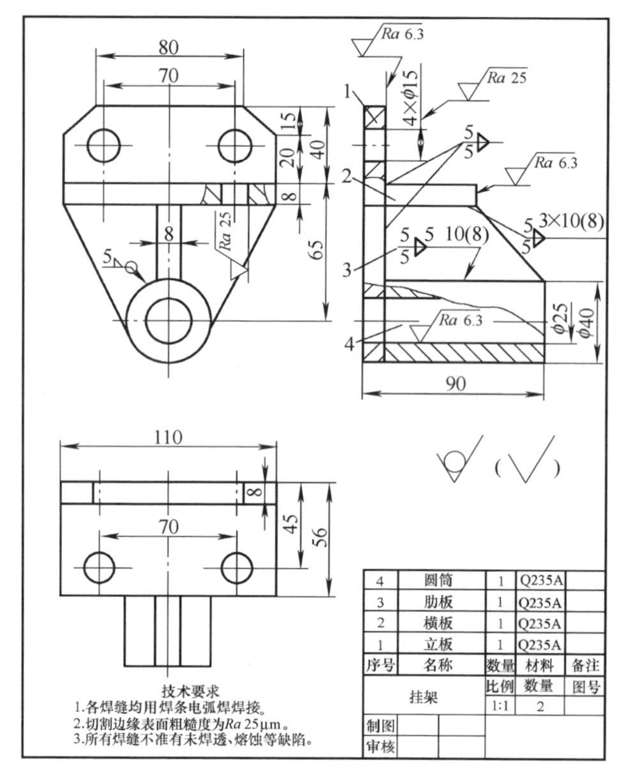

图 2-1　挂架焊接图

的质量，以及设计、审核人员签名和日期等；明细栏应填写零件的序号、名称、数量、材料等内容。

第二节　焊接结构装配图的特点

焊接结构装配图是焊接结构生产全过程的核心，组件、部件图成为连接产品装配图与结构图的桥梁。能否正确理解执行焊接装配图，将直接关系到焊接结构的质量和生产效率。与其他装配图相比，焊接结构装配图的表达方法具有以下的特点：

（1）焊接结构装配图的结构比较复杂　因为组成焊接结构的构件较多，当焊接成一个整体时，在视图上会出现较复杂的图线。

（2）焊接结构装配图中的焊缝符号多　在焊接结构装配图上为了正确地表示焊接接头、焊接方法等内容，常采用焊缝符号和焊接方法代号在图样上进行表述。所以在读图时，就必须弄清楚图中的各种符号所代表的焊接接头形式、焊接方法以及焊缝形式和尺寸等。有关焊缝符号的相关内容将在第三章详细讲述。

（3）焊接结构装配图中的剖面、局部放大图较多　因为焊接结构件间的连接处较多，所以在基本视图上往往不容易反映出节点的细小结构，常采用一些断面图或局部放大图等，来表达焊缝的结构尺寸和焊缝形式。

（4）焊接结构需要作放样图　焊接结构图不管多么复杂，在制造时，对某些组成的构件必须放出实样，对构件间的一些交线，在放样时也应该准确绘出。

第三节　焊接结构装配图的要求

一、焊接符号和焊接方法代号标注的要求

焊接符号和焊接方法代号的标注要符合国家标准 GB/T 324—2008、GB/T 12212—2012 和 GB/T 5185—2005 的规定，详细内容见第三章和第四章。

二、焊接结构加工的尺寸公差与配合的要求

为了确保焊接结构的使用性能，保证互换性，降低成本，规定焊接结构件的尺寸在一个范围内变动，这就是焊接结构图的尺寸公差。如果相互配合的工件的尺寸误差都处于公差范围之内，则构件之间的结合就能够达到预定的配合要求。

在焊接结构装配图上对于焊接结构的标注都是统一的，但不规定具体的焊接装配顺序要求，因为一般结构都是由若干构件组成的，经常会因为生产条件、产量大小等因素，在其焊接装配过程中采用多种不同的方案来实现。作为生产单位的工程技术人员和操作工就必须对焊接结构装配图进行分析比较，编制合理的焊接装配工艺文件。对新生产的结构产品或老产品改造生产，都要进行工艺方案的分析。分析工艺方案时应主要从以下两方面考虑。

1）确保结构符合焊接装配图的外形尺寸，满足设计要求。在结构生产中，会有很多因素影响焊接装配工艺，从而改变结构的几何尺寸。其中最重要的是焊接变形，这些在图样上是不会表述的。因此在进行工艺分析时，首先要分析结构形式、焊缝的分布及其对焊接变形的影响，然后再针对焊接变形的性质和影响因素，设计几套焊接装配方案进行比较，分析论证后确定最佳方案，以达到焊接结构装配图的要求。

2）焊接残余应力对结构外形尺寸有一定的影响。对于某些刚度大的结构，由于焊接应力过大会产生裂纹；较薄的结构会由于过大的压应力而失稳，造成波浪变形。这些都会严重影响焊接结构的尺寸精度。

三、焊接结构质量检验项目要求

保证焊接结构质量就是确保焊接接头的综合性能良好，即结构的几何尺寸符合设计图样所规定的要求（不允许超差），使用性能达到图样要求中所规定的指标（如使用寿命、工作条件等），制造过程中尽可能在降低成本的条件下提高生产效率，从而获得最佳的经济效益。

一般在焊接结构装配图上，对焊接装配质量都有明确的等级标准要求。

1. 常用的焊接检验方法

常用的焊接检验方法如图 2-2 所示。

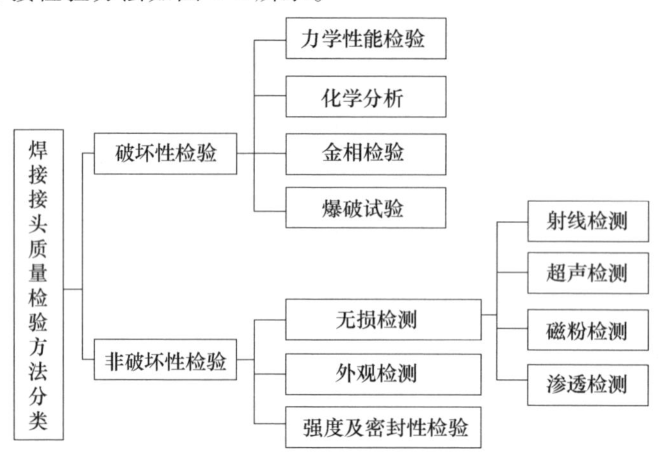

图 2-2 常用的焊接检验方法

2. 焊接生产质量控制

焊接生产的质量控制可分为三个阶段：焊前质量控制、焊接过程中的质量控制和焊接成品的质量检验（焊后质量检验、安装调试质量检验、产品在役质量检验以及不合格焊缝的处理和焊接检验档案的建立）。

（1）焊前质量控制 焊前质量控制是贯彻预防为主的方针，最大限度避免和减少焊接缺陷的产生。焊前质量控制的主要内容见表 2-1。

表 2-1 焊前质量控制的主要内容

序号	项目	主要内容	说明
1	母材质量检验	1)检查投料单据 2)检查实物标记 3)检查实物表面质量 4)检查投料划线、标记移植	1)投料单据要齐全(领料单、材质单、拨料单),材料牌号、规格要与图样相符并有验收人签字,否则应办理材料代用或更换手续 2)实物标记要清楚并与投料单相符 3)实物表面质量要合格 4)投料划线和标记移植要正确,然后转入焊前备料和下料等工序

（续）

序号	项目	主要内容	说明
2	焊接材料质量检验	1）焊丝质量的检验 2）焊条质量的检验 3）焊剂质量的检验 4）气体 Ar、He、N_2、CO_2、压缩空气等质量检验	1）用前应核对焊接材料是否符合图样和技术条件的规定 2）选用焊接材料时，应遵循等同性能、改善性能和改善焊接性三原则 3）焊接材料的代用是以不降低焊接质量和满足焊接工艺要求为前提，并应履行审批手续
3	焊接结构设计鉴定	可检测性	指有适当的探伤空间位置；有便于进行探伤的探测面
4	备料的检查	坡口的检查	坡口形状、尺寸及表面粗糙度加工质量；清理质量；$R_{eL}>392MPa$ 或 Cr-Mo 低合金钢坡口表面探伤并及时除去裂纹
5	装配质量检查	1）装配结构的检查 2）装配工艺的检查 3）定位焊缝质量的检查	应注意定位焊缝作为主焊缝的一部分时，其质量及检验方式同主焊缝
6	焊接试板的检查	1）焊前试板的检查 2）工序试板的检查 3）产品试板的检查	1）焊前试板用于在单批生产中选择设备的工作状态，控制投产后的焊缝质量 2）工序试板用于复杂工序间，控制不合格焊缝不下传 3）产品试板可用于评定成品焊缝的质量
7	能源的检查	1）电源的检查 2）气体燃料的检查	1）检查电源的波动程度 2）气体燃料 C_2H_2，H_2、液化石油气及氧气的检查应注意其纯度和压力
8	辅助机具的检查	1）焊接变位机械的检查 2）焊接装配夹具的检查	应注意检查动作的灵活性、定位精度和夹紧力
9	工具的检查	面罩、手把、电缆等的检查	应注意选择颜色深的护目玻璃
10	焊接环境的检查	环境温度、湿度、风速、雨雪天气等的检查	当焊接环境出现下列情况时，需有保护措施才能施焊： 1）雨、雪天气 2）风速大于 10m/s 3）相对湿度大于 90% 4）允许施焊的最低温度：低碳钢（-20℃）；低合金钢（-10℃）；中、高合金钢（0℃）
11	焊接预热检查	1）检查预热方式 2）检查预热温度	注意预热温度的测点应距焊缝边缘 100~300mm
12	焊工资格的检查	检查焊工的相应证书	注意证书的有效期并核对考核项目与所焊产品的一致性

（2）焊接过程中的质量控制　焊接过程中的质量控制是焊接质量控制中最重要的环节，不仅指焊缝形成的过程，还包括后热和焊后热处理。主要控制内容见表2-2。

表2-2　焊接过程中质量控制的主要内容

序号	项目	主要内容	说明
1	焊接参数的检验	1)焊条电弧焊参数的检验 2)埋弧焊参数的检验 3)CO_2焊参数的检验 4)电阻焊参数的检验 5)TIG、MIG、MAG焊参数的检验 6)气焊参数的检验	应注意不同的焊接方法有不同的检验内容和要求，但原则上均应严格执行工艺，当有变化时，应办理焊接工艺更改手续
2	复核焊接材料	1)焊接材料的特征，颜色尺寸 2)焊缝外观特征	发现焊接材料有疑问时应及时查找原始记录，确保材料牌号、规格与规定相符
3	焊接顺序的检查	1)施焊顺序的检查 2)施焊方向的检查	注意施焊顺序和方向准确无误
4	焊道表面质量检查	表面不应有裂纹、夹渣等缺陷	焊后及时清渣，缺陷及时消除，避免多层焊时缺陷的叠加
5	检查后热	1)检查后热温度 2)检查后热保温时间	焊后立即对焊件全部或局部进行加热或保温，使其缓冷的工艺措施称为后热。它具有消氢和防止延迟裂纹产生的作用
6	检查焊后热处理	1)焊后正火热处理的检查 2)消除应力热处理的检查	可改善焊缝组织，细化晶粒，提高韧性，消除和缓减残余应力

（3）焊接成品的质量检验　焊接产品虽然在焊前和焊接过程中进行了相应的质量控制和检验，但由于制造过程中外界因素变化、工艺参数不稳定、能源波动等，都可能引起缺陷的产生，所以焊接成品也需要进行质量检验。同时，焊接产品在使用中的检验也是成品检验的组成部分。

1）焊后质量检验：焊后成品质量检验的主要内容见表2-3。

表2-3　焊后成品质量检验的主要内容

序号	检验项目	主要内容
1	外观检查	焊缝表面缺陷检查、焊缝尺寸偏差检查、焊缝表面清理质量检查
2	无损检测	射线检测、超声检测、磁粉检测、渗透检测、涡流检测、声发射检测、中子检测、激光照相、超声全息检测、液晶检测
3	力学性能检验	拉伸试验、弯曲试验、冲击试验、硬度试验、疲劳试验
4	密封性检验	气密性检验、吹气试验、载水试验、水冲试验、沉水试验、煤油试验、氨渗透试验、氦检漏
5	焊缝强度检验	水压试验、气压试验

2）安装调试质量的检验包括两个方面：一是对现场组装的焊接质量问题的处理；二是对产品制造时的焊接质量进行现场复查。

3）产品在役质量的检验：在产品运行期间，可用声发射技术进行质量监督。同时由于焊接产品在腐蚀介质、交变载荷、热应力等苛刻条件下工作，使用一段时间后会产生各种形式的裂纹。为保证设备安全运行，应定期检查焊接质量。

4）不合格焊缝的处理：对各种不合格焊缝的处理方式见表 2-4。

表 2-4　各种不合格焊缝的处理方式

不合格焊缝情况	处理方式
错用焊接材料	报废
违背焊接工艺	返修焊
焊缝质量不符合标准	不影响性能和安全的前提下可使用
无证焊工施焊	降级使用

5）焊接检验档案：焊接检验档案是焊接产品质量考查和历史的凭证，也是产品维修和改造的依据，因此产品制作完工后，对有保存价值的检验资料应进行汇总归档。归档材料主要包括检验记录和检验证书，而且焊接产品的检验证书内容和要求应与检验记录的内容和要求是相同的。其中检验记录的内容见表 2-5。

表 2-5　检验记录的内容

序号	检验记录
1	产品编号、名称、图号
2	母材、焊接材料的牌号、规格、入厂检验编号
3	焊接方法、焊工姓名、钢印号
4	实际预热、后热、消氢处理温度
5	检验方法和结果
6	检验报告编号，是指理化检验和 NDT 等专职检验机构的质量证明书
7	焊缝返修方法、部位、次数等
8	记录日期、记录人签字等

3. 焊接检验项目

（1）整体焊接结构质量　整体焊接结构质量主要指结构的几何尺寸与性能，应根据图样的要求逐项检验。

（2）焊缝质量　焊缝质量在焊接结构中占有相当重要的地位，因为焊缝质量的好坏直接关系到结构强度及安全运行问题，低劣的焊缝质量常会导致重大事故的发生，所以对焊缝要严格执行无损检测标准。根据焊接装配图的要求，焊缝质量检验可以采用不同的方法。

1）凡要求外观检验的焊缝均可用肉眼及放大镜检验。

2）角焊缝表面缺陷可用磁粉检测、着色检测、荧光检测等方法检验。

3）要求Ⅱ级以上质量时可采用X射线检测、γ射线检测、超声检测等方法检验。

此外，还要根据图样要求做焊接接头常规力学性能试验、金相检验等。

影响焊接质量的因素很多，如金属材料的焊接性、焊接工艺、焊接参数、焊接设备以及焊工的操作熟练程度等。焊接检验的目的就是要通过焊接前和焊接过程中以及对焊成的焊件进行全面仔细的检查，发现焊缝中的缺陷并进行处理，以确保产品的出厂质量。

第四节　焊接结构装配图的表达方法

装配图是表达机器或部件的工作原理、结构形状和装配关系的图样。在设计过程中一般要先画出装配图，再根据装配图画零件图。在生产过程中，装配图是进行装配、检验、安装及维修的重要技术资料。

装配图的表达方法和零件图基本相同，零件图中所应用的各种表达方法，装配图同样适用。此外，根据装配图的特点，还制订了一些规定画法和特殊表达方法。

一、装配图的规定画法

1. 相邻两零件的画法

相邻两零件的接触面和配合面，只画一条轮廓线。当相邻两零件有关部分的基本尺寸不同时，即使间隙很小，也要画出两条线。

如图2-3所示，滚动轴承与轴和机座上的孔均为配合面，滚动轴承与轴肩为接触面，以上只画一条线；轴与端盖的孔之间为非接触面，必须画两条线。

2. 装配图中剖面线的画法

同一零件在不同的视图中，剖面线的方向和间隔应保持一致。相邻两零件的剖面线，应有明显区别，即倾斜方向相反或间隔不等，以便在装配图中区分不同的零件。如图2-3中，机座与端盖的剖面线倾斜方向相反。

3. 螺纹紧固件及实心件的画法

螺纹紧固件及实心的轴、手柄、键、销、连杆和球等零件，若按纵向剖切，即剖切平面通过其轴线或基本对称面时，这些零件均按未剖绘制，如图2-3中的螺栓和轴；当剖切平面垂直轴线或基本对称面剖切时，则应按剖开绘制，如

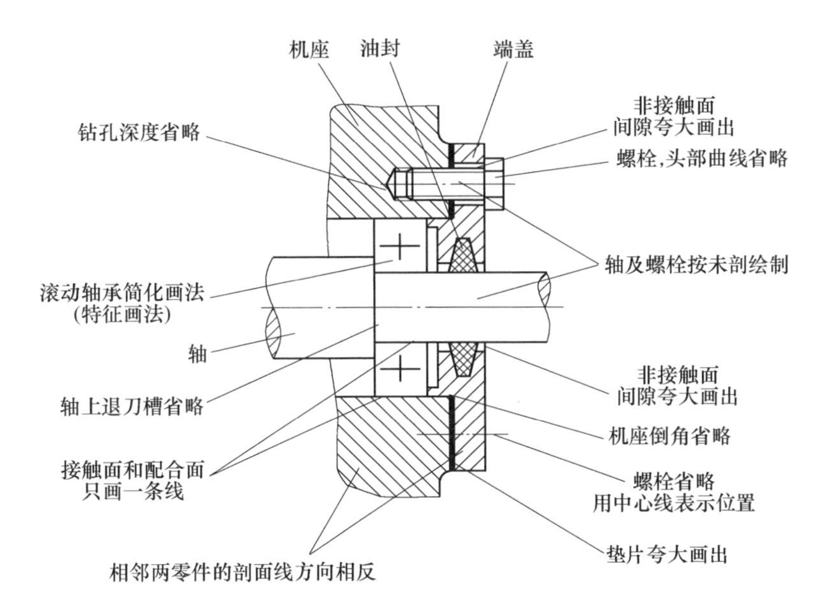

图 2-3　规定画法和简化画法

图 2-4 中 A—A 剖视图中的螺栓剖面。

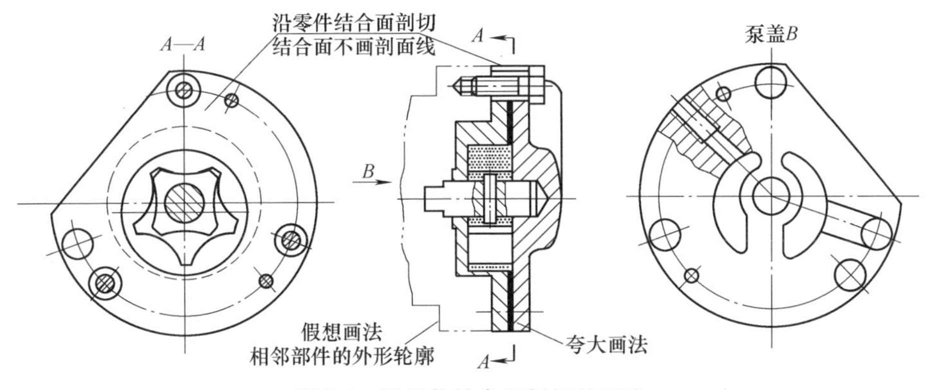

图 2-4　沿零件结合面剖切的画法

二、装配图的特殊表达方法

1. 沿零件结合面剖切和拆卸画法

为了清楚地表达部件的内部结构或被遮挡住的部分结构形状，可假想沿着两个零件的结合面剖切，此时零件的结合面不画剖面线，其他被剖切到的零件则要画剖面线，如图 2-4 中的 A—A 剖视图所示。

也可以假想将某一个或几个零件拆卸后绘制，这种画法称为拆卸画法，如

图 2-5 中俯视图的右半部是拆去轴承盖、螺母、螺栓等零件绘制的，这种画法需要加注“拆去××”，如“拆去轴承盖、上轴衬、螺栓等”。

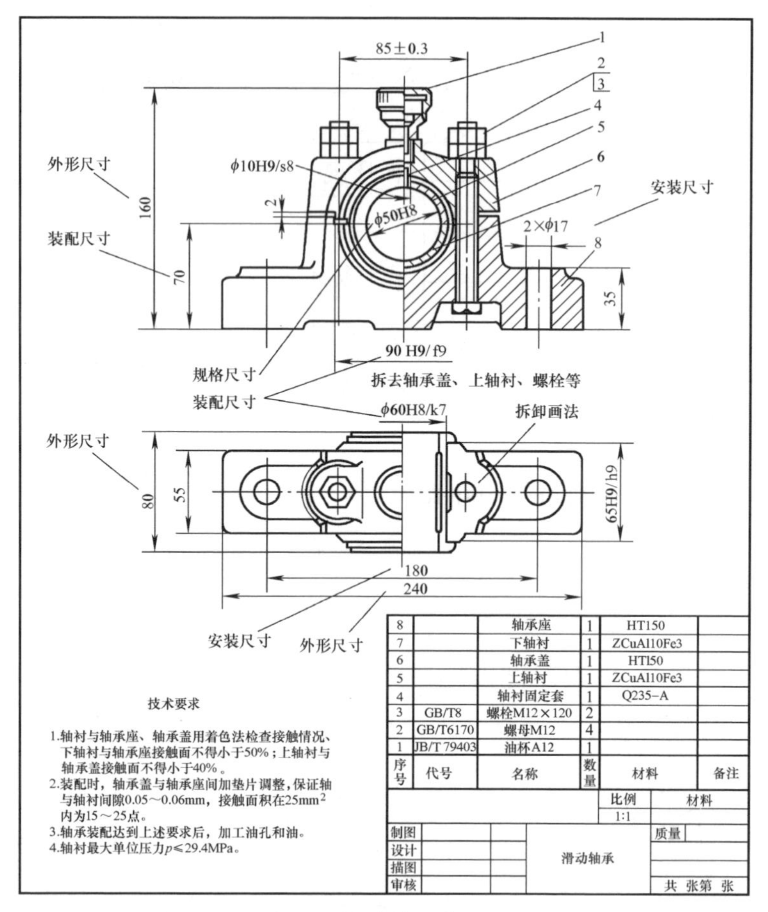

图 2-5　滑动轴承装配图

2. 假想画法

在装配图中，为了表示运动零件的极限位置，或本零部件与相邻零部件的相互关系时，可用细双点画线画出该零部件的外形轮廓。例如，在图 2-6 中，用细双点画线表示手柄的另一极限位置；而在图 2-4 的主视图中，用细双点画线表示其相邻部件的局部外形轮廓。

3. 夸大画法

对于直径或厚度小于 2mm 的孔和薄片，以及画较小的锥度或斜度时，允许将该部分不按原比例，而是夸大画出，如图 2-3 中垫片的画法。

4. 简化画法

1）对于装配图中的螺栓连接等若干相同零件组，允许仅详细地画出一组，

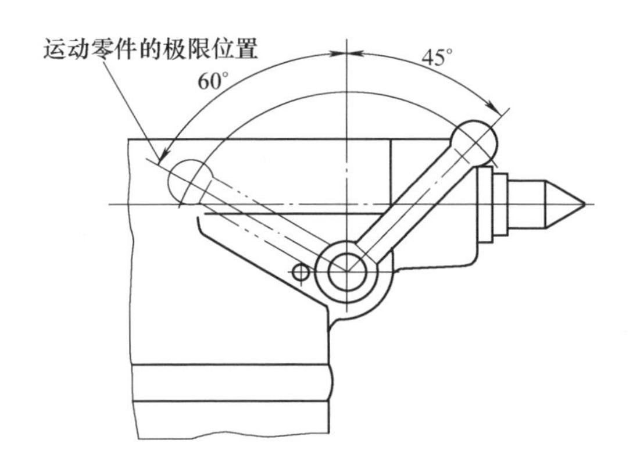

图 2-6　假想画法

其余用细点画线表示出中心位置即可，如图 2-3 中螺栓的画法。

2）在装配图中，零件上某些较小的工艺结构，如倒角、退刀槽等允许省略不画，如图 2-3 所示。

3）在装配图中，剖切平面通过某些标准产品组合件（如油杯、油标、管接头等）的轴线时，可以只画外形。对于标准件（如滚动轴承、螺栓、螺母等），可采用简化或示意画法，如图 2-3 中滚动轴承的画法。

三、装配图的尺寸标注、技术要求及零件编号

1. 装配图的尺寸标注

装配图和零件图在生产中的作用不同，因此在图上标注尺寸的要求也不同。在装配图中需注出一些必要的尺寸，这些尺寸按作用不同，可分为以下几类。

（1）性能（规格）尺寸　表示该产品的性能（规格）的尺寸，它是设计产品时的主要依据。如图 2-5 中滑动轴承的轴孔直径 ϕ50H8。

（2）装配尺寸　保证机器中各零件装配关系的尺寸。装配尺寸包括配合尺寸和主要零件相对位置尺寸。如图 2-5 中轴承座与下轴衬间的 ϕ60H8/k7、轴承座与轴承盖间的 90H9/f9 和中心高 70mm。

（3）安装尺寸　安装机器和部件时所需的尺寸。如图 2-5 中轴承座安装孔直径 2×ϕ17mm 和两孔中心距 180mm。

（4）外形尺寸　表示机器或部件外形轮廓尺寸，即总长、总宽和总高。根据外形尺寸，可考虑机器或部件在包装、运输、安装时所占的空间。

（5）其他重要尺寸　根据装配体的特点和需要，必须标注的尺寸。如经过计算的重要设计尺寸、重要零件间的定位尺寸和主要零件的尺寸等。

装配图上的尺寸要根据情况具体分析，对于上述五类尺寸，并不是每一张装配图都必须标注的，有时同一尺寸就兼有几种意义。

2. 装配图的技术要求

装配图上的技术要求一般包括以下几方面内容。

1）对产品或部件在装配、调试和检验时的具体要求。

2）关于产品性能指标方面的要求。

3）关于安装、运输以及使用方面的要求。

技术要求一般用文字写在明细栏上方或图样下方的空白处。

3. 装配图的零件序号和明细栏

为了便于看图及管理图样，在装配图中必须对每种零件进行编号，并根据零件编号绘制相应的明细栏。

1）装配图中的所有零件均应按顺序编写序号，同种零件只编一个序号，一般只注一次。

2）零件序号应标注在视图周围，按水平或垂直方向排列整齐。应按顺时针或逆时针方向排列。

3）零件序号应填写在指引线的非零件端附近（可加水平基准线或圆圈，也可不加），指引线的另一端应自所指零件的可见轮廓内引出，并在末端画一圆点；若所指部分内不宜画圆点时（零件很薄或涂黑的剖面），可在指引线一端画箭头指向该部分的轮廓，如图 2-7a 所示。

4）序号的字号应比图中尺寸数字大一号或大两号；如果直接将序号写在指引线附近，则序号应比图中字号大两号。

5）一组紧固件或装配关系明显的零件组，可采用公共指引线，如图 2-7b 所示。

6）零件的明细栏应画在标题栏上方，当标题栏上方位置不够时，可在标题栏左边继续列表。

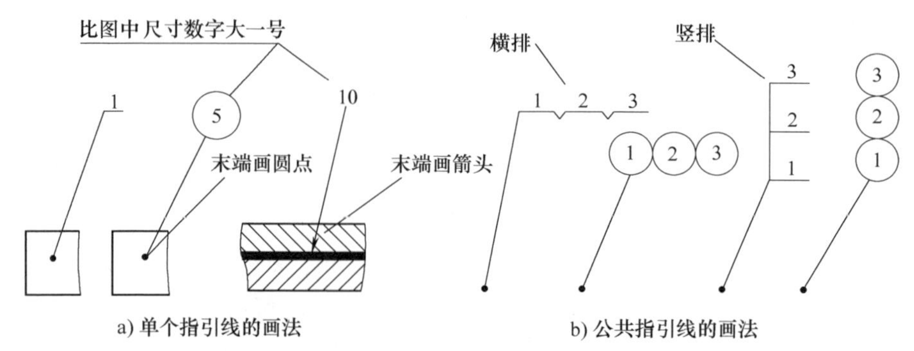

图 2-7　零件序号的编写形式

第五节 常见的焊接装配工艺

装配是将焊前加工好的零、部件，采用适当的工艺方法，按生产图样和技术要求连接成部件或整个产品的工艺过程。装配工序的工作量大，约占整体产品制造工作量的 30%~40%，且装配的质量和顺序将直接影响焊接工艺、产品质量和劳动生产率，所以提高装配工作的效率和质量，对缩短产品制造周期，降低生产成本，以及保证产品质量等方面，都具有重要的意义。

一、装配方式的分类

装配方式可按结构类型及生产批量、工艺过程、工艺方法及工作地点来分类。

1. 按结构类型及生产批量的大小分类

（1）单件、小批量生产　单件、小批量生产的结构经常采用画线定位的装配方法。该方法所用的工具、设备比较简单，一般是在装配台上进行。画线法装配工作比较繁重，要获得较高的装配精度，要求装配工人必须具有熟练的操作技术。

（2）成批生产　成批生产的结构通常在专用的胎夹具（胎架）上进行装配。胎架是一种专用的工艺装备，上面有定位器、夹紧器等，具体结构是根据焊接结构的形状特点设计的。

2. 按工艺过程分类

（1）由单独的零件逐步组装成结构　结构简单的产品，可以是一次装配完毕后进行焊接；复杂构件，大多数是装配与焊接交替进行。

（2）由部件组装成结构　装配工作是将零件组装成部件后，再由部件组装成整个结构并进行焊接。

3. 按装配工作地点分类

（1）固定式装配　装配工作在固定的工作位置上进行，这种装配方法一般用在重型焊接结构或产量不大的情况下。

（2）移动式装配　工件沿一定的工作地点按工序流程进行装配，在工作地点有装配用的胎具和相应的工人。这种装配方式在产量较大的流水线生产中应用广泛，但有时为了使用某种固定的专用设备，也常被采用。

二、装配的基本条件

在金属结构装配中，将零件装配成部件的过程称为部件装配，简称部装；将零件或部件装配成最终产品的过程称为总装。通常装配后的部件或整体结构直接送入焊接工序，但有些产品先要进行部件焊接装配，校正变形后再进行总装。无论何种装配方案都需要对零件进行定位、夹紧和测量，这就是装配的三个基本条件。

1. 定位

定位就是确定零件在空间的位置或零件间的相对位置。

图 2-8 所示为在平台 6 上装配工字梁。工字梁的两翼板 4 的相对位置是由腹板 3 和挡铁 5 来定位的，它们的端部由挡铁 7 来定位。平台 6 的工作面既是整个工字梁的定位基准面，又是结构的支承面。

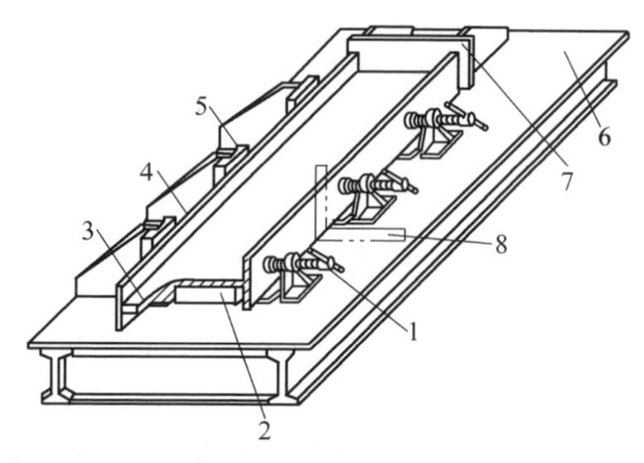

图 2-8　工字梁的装配

1—调节螺钉　2—垫铁　3—腹板　4—翼板　5、7—挡铁　6—平台　8—90°角尺

2. 夹紧

夹紧就是借助通用或专用夹具的外力将已定位的零件加以固定的过程。图 2-8 中的翼板与腹板间的相对位置确定后，是通过调节螺钉来实现夹紧的。

3. 测量

测量是指在装配过程中，对零件间的相对位置和各部件尺寸进行一系列的技术测量，从而鉴定定位的正确性和夹紧力的效果，以便调整。

上述三个基本条件是相辅相成的，定位是整个装配工序的关键，定位后不进行夹紧就难以保证和保持定位的可靠与准确；夹紧是在定位的基础上的夹紧，如果没有定位，夹紧就失去了意义；测量是为了保证装配的质量，但在有些情况下可以不进行测量（如一些胎架装配，定位元件的定位装配等）。

零件的正确定位不一定与产品设计图上的定位一致，而是从生产工艺的角度，考虑焊接变形后的工艺尺寸。如图 2-9 所示的槽形梁，设计尺寸应保持两槽板平行，而在考虑焊接收缩变形后，工艺尺寸为 204mm，使槽板与底板有一定的角度，正确的装配应按工艺尺寸进行。

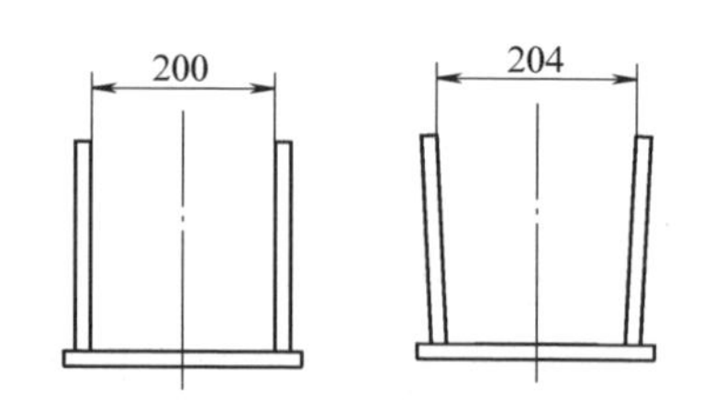

图 2-9　槽形梁的工艺尺寸

三、装配的基本方法

1. 装配前的准备

装配前的准备工作是装配工艺的重要组成部分。充分、细致的准备工作是高

质量高效率地完成装配工作的有力保证，通常包括如下几个方面。

（1）熟悉产品图样和工艺规程　要清楚各部件之间的关系和连接方法，并根据工艺规程选择好装配基准和装配方法。

（2）装配现场和装配设备的选择　依据产品的大小和结构的复杂程度选择和安置装配平台和装配胎架。装配工作场地应尽量设置在起重设备工作区间内。应对场地周围进行必要的清理，达到场地平整、清洁，通道通畅。

（3）工量具的准备　装配中常用的工具、量具、夹具和各种专用吊具，都必须配齐，组织到场。此外，根据装配需要配置的其他设备，如焊机、气割设备、钳工操作台和风动砂轮等，也必须安置在规定的场所。

（4）零、部件的预检和除锈　产品装配前，对于从上道工序转来或从零件库中领取的零、部件都要进行核对和检查，以便于装配工作的顺利进行。同时，对零、部件连接处的表面进行去毛刺、除锈垢等清理工作。

（5）适当划分部件　对于比较复杂的结构，往往将部件装焊之后再进行总装，这样既可以提高装配、焊接质量，又可以提高生产率，还可以减小焊接变形，为此应将产品划分为若干部件。

2. 零件的定位方法

在焊接生产中，应根据零件的具体情况选取零件的定位和装配方法，常用的定位方法有画线定位、销轴定位、挡铁定位和样板定位等。

（1）画线定位　画线定位就是在平台上或零件上画线，按线装配零件，通常用于简单的单件、小批装配，或总装时的部分较小零件的装配。

（2）销轴定位　它是利用零件上的孔进行定位的。如果允许，也可以钻出专门用于销轴定位的工艺孔。由于孔和销轴的精度较高，所以定位比较准确。

（3）挡铁定位　这种方法应用得比较广泛，可以利用小块钢板或小块型钢作为挡铁，取材方便。也可以使用经机械加工后的挡铁，以便提高定位精度。挡铁的安置要保证构件重点部位（点、线、面）的尺寸精度，也要便于零件的装拆。

（4）样板定位　它是利用样板来确定零件的位置、角度等的定位方法，常用于钢板之间的角度测量定位和容器上各种管口的安装定位。

3. 零件的装配方法

焊接结构生产中应用的装配方法很多，可根据结构的形状尺寸、复杂程度以及生产性质等进行选择。装配方法按定位方式不同可分为画线定位装配和工装定位装配，按装配地点不同可分为工件固定式装配和工件移动式装配。下面分别对其进行简单的介绍。

（1）画线定位装配法　画线定位装配法是利用在零件表面或装配台表面画出工件的中心线、接合线和轮廓线等作为定位线，来确定零件间的相互位置，并焊接固定进行装配。

图 2-10a 为以画在工件底板上的中心线和接合线作为定位基准线，以确定槽钢、立板和三角形加强肋的位置；图 2-10b 为利用大圆筒盖板上的中心线和小圆筒上的等分线（也常称其为中心线）来确定两者的相对位置。

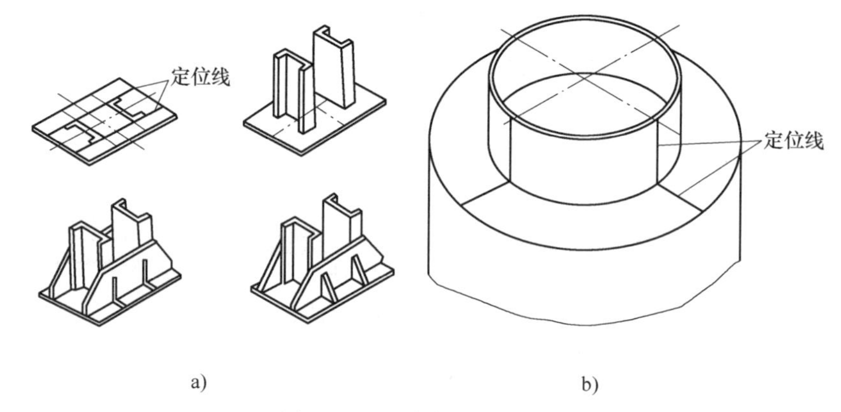

图 2-10　画线定位装配示例

图 2-11 所示为钢屋架的画线定位装配。先在装配平台上按 1∶1 的实际尺寸画出屋架零件的位置和结合线（称为地样），如图 2-11a 所示；然后依照地样将零件组合起来，如图 2-11b 所示。此装配法也称为地样装配法。

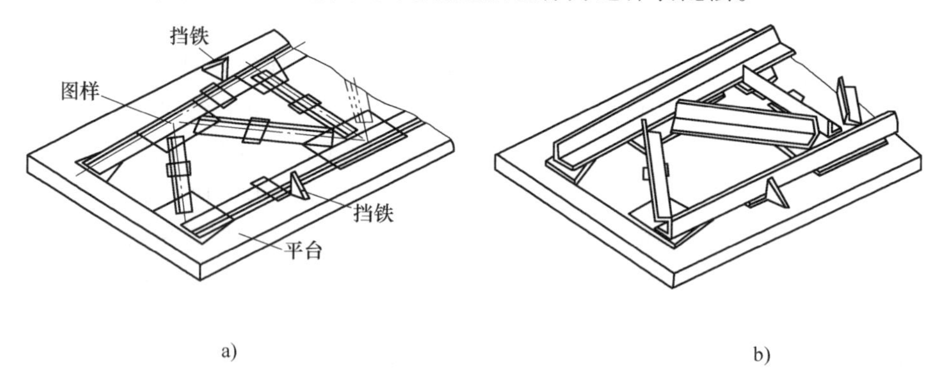

图 2-11　钢屋架地样装配法

（2）工装定位装配法　主要有以下几种方法。

1）样板定位装配法。它是利用样板来确定零件的位置、角度等，然后夹紧并经定位焊完成装配的装配方法，常用于钢板与钢板之间的角度装配和容器上各种管口的安装。

图 2-12 所示为斜 T 形结构的样板定位装配，根据斜 T 形结构立板的斜度，预先制作样板，装配时在立板与平板接合线位置确定后，用样板来确定立板的倾斜度，使其得到准确定位后施行定位焊。

断面形状对称的结构，如钢屋架、梁、柱等结构，可采用样板定位的特殊形式——仿形复制法进行装配，如图 2-13 所示。简单钢屋架部件的装配过程：将图 2-13 中用地样装配法装配好的半片屋架吊起，翻转后放置在平台上作为样板（称为仿模），在其对应位置放置对应的节点板和各种杆件，用夹具夹紧后进行定位焊，便复制出与仿模对称的另一半片屋架。这样连续地复制装配出一批屋架后，即可组成完整的钢屋架了。

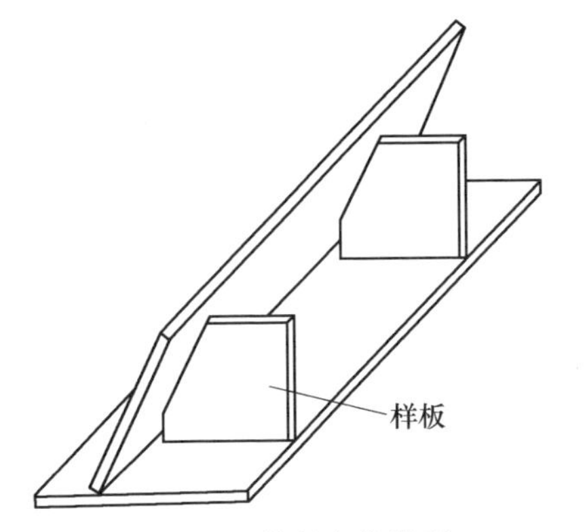

图 2-12　样板定位装配

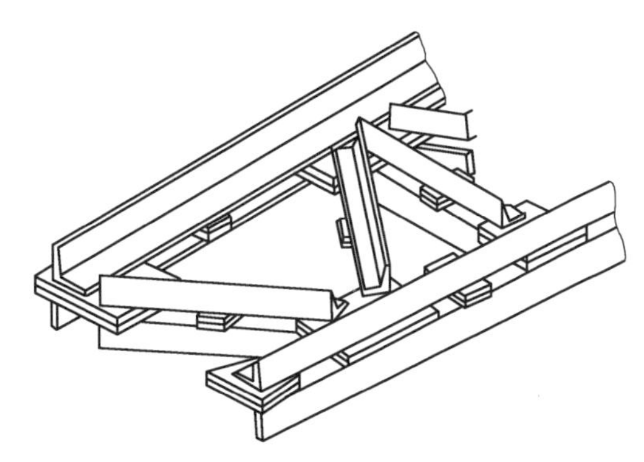

图 2-13　钢屋架仿形复制装配

2）定位元件定位装配法。它是用一些特定的定位元件（如板块、角钢、销轴等）构成空间定位点，来确定零件的位置并用装配夹具夹紧的装配方法。该法不需要画线，装配效率高，质量好，适用于批量生产。

图 2-14 所示为挡铁定位装配法示例。在大圆筒外部加装钢带圈时，在大圆筒外表面焊上若干挡铁作为定位元件，确定钢带圈在圆筒上的高度位置，并用弓形螺旋夹紧器把钢带圈与筒体壁夹紧，定位焊牢，完成钢带圈的装配。

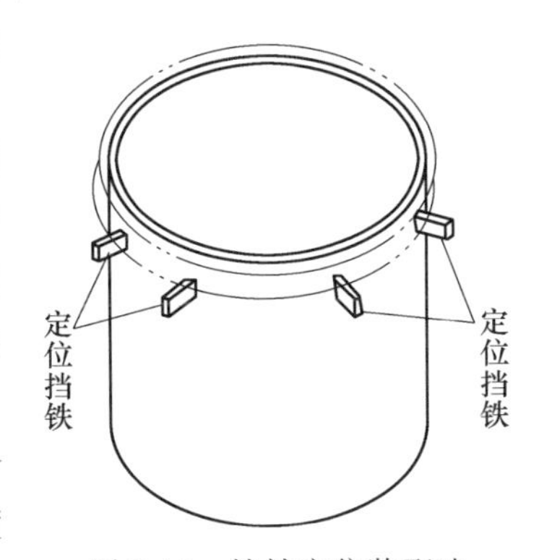

图 2-14　挡铁定位装配法

图 2-15 所示为双臂角杠杆的装配，它由 3 个轴套和 2 个臂杆组成。装配时，臂杆之间的角度和 3 孔间的距离用活动定位销和固定定位销定位，两臂杆的水平高度位置和中心线位置用挡铁定位，两端轴套高度用支承垫定位，然后夹紧，定位焊完成装配。它的装配全部用定位器定位后完成，装配质量可靠，生产率高。

应当注意的是，用定位元件定位装配时，要考虑装配后焊件的取出问题。因为零件装配时是逐个分别安装上去的，自由度大，而装配完后，零件与零件已连成一个整体，如果定位元件布置不适当，则装配后焊件难以取出。

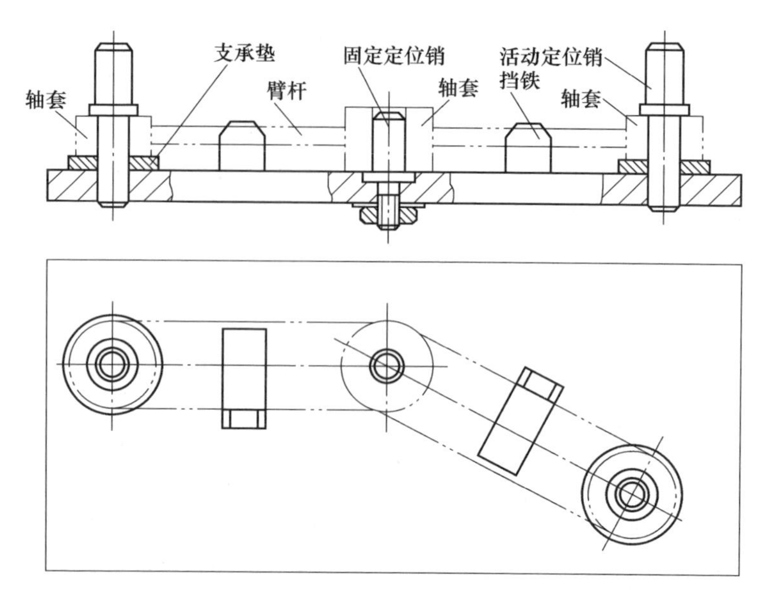

图 2-15　双臂角杠杆的装配

3）胎夹具（又称胎架）装配法　对于批量生产的焊接结构，若需装配的零件数量较多，内部结构又不很复杂时，可将工件装配所用的各定位元件、夹紧元件和装配胎架三者组合为一个整体，构成装配胎架。

图 2-16 所示为汽车横梁结构及其装配胎架。装配时，首先将角形铁 6 置于胎架 7 上，用活动定位销 11 定位并用螺旋压紧器 9 固定，然后装配槽形板 3 和主肋板 5，它们分别用挡铁 8 和螺旋压紧器 9 压紧，再将各板连接进行定位焊。该胎架还可以通过回转轴 10 回转，把工件翻转到使焊缝处于最有利的施焊位置。

利用装配胎架进行装配和焊接，可以显著地提高装配工作效率，保证装配质量，减轻劳动强度，同时也易于实现装配工作的机械化和自动化。

（3）固定式装配法　固定式装配法是装配工作在一处固定的工作位置上装配完全部零、部件的方法。这种装配方法一般在重型焊接结构产品和产量不大的情况下采用。

（4）移动式装配法　移动式装配法是工件顺着一定的工作地点按工序流程进行装配。在工作地点上设有装配胎位和相应的工人。这种方式不完全限于轻、小型产品上，有时为了使用某些固定的专用设备也常采用这种方式，在较大批量或流水线生产中通常也采用这种方式。

4. 装配中的定位焊

定位焊用来固定各焊件之间的相互位置，以保证整体结构件得到正确的几何形状和尺寸所进行的焊接。

定位焊的焊缝一般比较短，而且该焊缝作为正式焊缝留在焊接结构之中，故

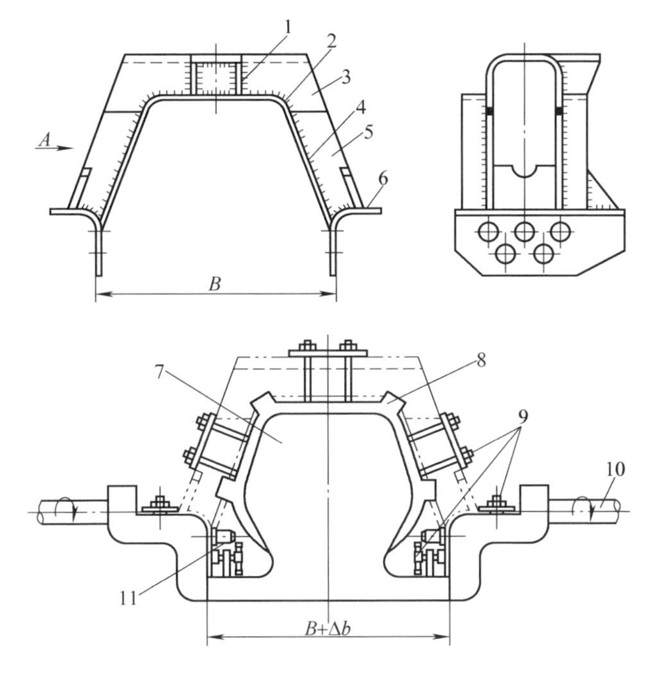

图 2-16　汽车横梁结构及其装配胎架

1、2—焊缝　3—槽形板　4—拱形板　5—主肋板　6—角形铁　7—胎架
8—挡铁　9—螺旋压紧器　10—回转轴　11—活动定位销

所使用的焊条或焊丝应与正式焊缝所使用的焊条或焊丝同牌号、同质量。

进行定位焊时应注意以下几点。

1）由于定位焊的焊缝比较短，并且要保证焊透，故应选用直径小于 4mm 的焊条或直径小于 1.2mm 的焊丝（CO_2 气保护焊）。又由于工件温度较低，热量不足而容易产生未焊透，故定位焊的焊接电流应比焊接正式焊缝时大 10%～15%。

2）定位焊缝有未焊透、夹渣、裂纹、气孔等焊接缺陷时，应该铲掉并重新焊接，不允许将缺陷留在焊缝内。

3）定位焊缝的引弧和熄弧处应圆滑过渡，否则，在焊接正式焊缝时在该处易产生未焊透、夹渣等缺陷。

4）定位焊缝的长度和间距根据板厚选取，一般长度为 15～20mm，间距为 50～300mm，板薄取小值，板厚取大值。对于强行装配的结构，因定位焊缝要承受较大的外力，应根据具体情况适当加长定位焊缝长度，并适当缩小间距。对于装配后需吊运的工件，定位焊缝应保证吊运中零件不分离，因此对起吊中受力部分的定位焊缝，可增大尺寸或数量。最好在完成一定量的正式焊缝以后再吊运，以保证安全。

第六节　焊接装配图识图举例

在工业生产中，从机器的设计、制造、装配、检验、使用到维修及技术交流，经常需要识读结构的装配图。

一、识读焊接结构装配图的基本要求

1）了解装配体的名称、作用、工作原理、结构及总体形状的大小。

2）了解各部件的名称、数量、形状、作用，它们之间的相互位置、装配关系以及拆装顺序等。

3）了解各零件的作用、结构特点、传动路线和技术要求等。

二、装配图的识读方法与步骤

下面以如图 2-17 所示的支座结构图为例，简要说明读图的方法和步骤。

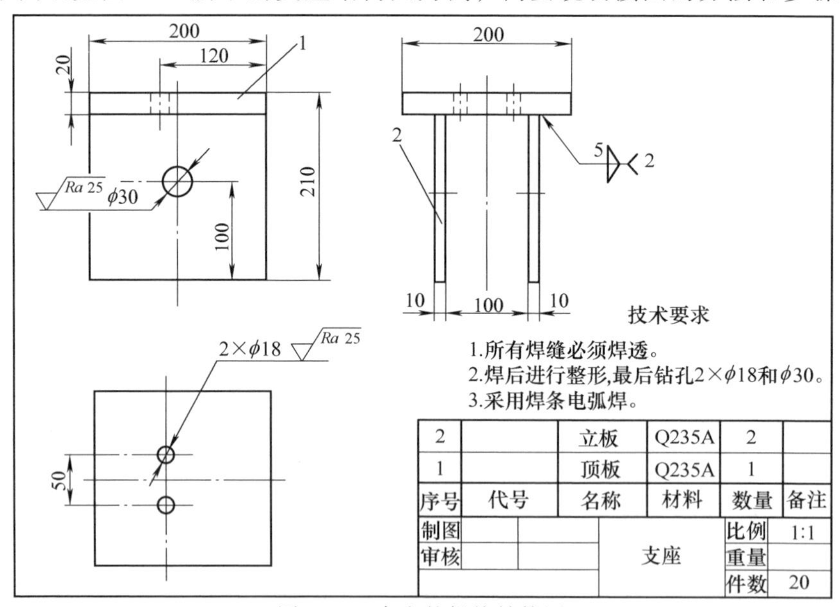

图 2-17　支座的焊接结构图

1. 看标题栏

由标题栏概括了解部件的名称、材料、数量、型材的标记、图样比例等。

如图 2-17 所示，该装配体的名称是支座，由立板和顶板组焊而成。材料为普通碳素结构钢，绘图比例为 1 : 1。

2. 分析视图想象形状

先找出主视图，明确零件图所用的表达方式及各个视图间的关系等。对剖视图和断面图，找到剖切位置和投影方向。对局部视图、斜视图的部分，要找到表示投影部位的字母和投影方向的箭头，检查有无局部放大图和简化画法等。

支座的结构较简单，是由 3 个基本视图组成的，都是外形图。在左视图中标出了焊缝尺寸，并表达了立板的位置，俯视图上给出了两个孔的位置。

从形体分析可知，三块板均为矩形板。

3. 分析尺寸

根据形体分析和结构分析，了解定形、定位和总体尺寸，分析标注尺寸所用的基准。

（1）焊接结构装配图的尺寸

1）定形尺寸，即表示结构件各组成部分长、宽、高三个方向大小的尺寸。在图 2-17 中，标注了三个组成部分大小的尺寸。

2）定位尺寸，即表示结构件各组成部分的相对位置的尺寸。

3）总体尺寸，即表示结构件外形大小的尺寸。

4）配合尺寸，即表示结构件之间相互配合的尺寸。配合尺寸也叫装配尺寸，为了保证部件的装配质量，就必须看懂装配图上的装配尺寸。

5）安装尺寸，即表示将结构件安装到其他结构或地基上所需的尺寸。

（2）确定尺寸的基准　基准是确定结构件位置的一些点、线、面，也是标注尺寸的起点。一般选择下面两种基准。

1）设计基准，即标注设计尺寸的起点称为设计基准。

2）工艺基准，即结构件在装配定位或加工测量时使用的基准。

在焊接结构件上通常选取主要的装配面、支承面、对称面、主要加工面或回转体的轴线作为尺寸基准。

（3）分析尺寸　在支座结构图中，长度方向、高度方向、宽度方向的尺寸基准均是中心对称平面。该结构的总体尺寸为 200mm、200mm、210mm。两个立板的定位尺寸为 100mm。两个 ϕ18mm 孔焊后加工，它的定位尺寸为 120mm、50mm；ϕ30mm 孔的定位尺寸为 100mm、100mm。

4. 了解技术要求

焊接结构图的技术要求有用文字说明的，也有用代（符）号标注的。对这部分内容应能看懂表面粗糙度、尺寸与配合公差、几何公差，以及焊接要求，如焊接方法、焊缝符号、焊缝质量要求、焊后校正和热处理方法等。

支座的技术要求在图中分为两部分，一部分是文字说明，如焊缝质量要求、焊后校正、焊接方法等。另一部分在图中相应位置用代（符）号标注出来，如各孔的表面粗糙度符号$\sqrt{Ra\,25}$、焊缝符号等。

通过上述四个方面的分析，就可以了解这一结构件的完整形象，达到读懂结构图的目的了。

机械图样中的焊缝符号

第一节　焊缝的表示方法

在工程图样中焊缝有两种表示方法，即图示法和标注法。在实际中，尽量采用符号标注法表示，以简化和统一图样上的焊缝画法，在必要时允许辅以图示法。在需要表示焊缝断面形状时，可按机械制图方法绘制焊缝局部剖视图或放大图，必要时也可用轴测图示意。

一、图示法

GB/T 324—2008《焊缝符号表示法》和 GB/T 12212—2012，《技术制图　焊缝符号的尺寸、比例及简化表示法》规定，可用图示法表示焊缝，主要内容如图 3-1 所示。

1）焊缝画法如图 3-2 和图 3-3 所示（表示焊缝的一系列细实线段允许用徒手绘制）。也允许采用粗线（$2b \sim 3b$）表示焊缝，如图 3-4 所示。但在同一图样中，只允许采用一种画法。

点焊缝、缝焊缝、塞焊缝和槽焊缝在长度方向或径向的视图画法见表 3-9。

2）在表示焊缝端面的视图中，通常用粗实线绘出焊缝的轮廓。必要时，可用细实线画出焊接前的坡口形状等，如图 3-5 所示。

3）在剖视图或断面图上，焊缝的金属熔焊区通常应涂黑表示，如图 3-6a 所示。若同时需要表示坡口等的形状时，熔焊区部分也可按第 2）条的规定绘制，如图 3-6b 所示。

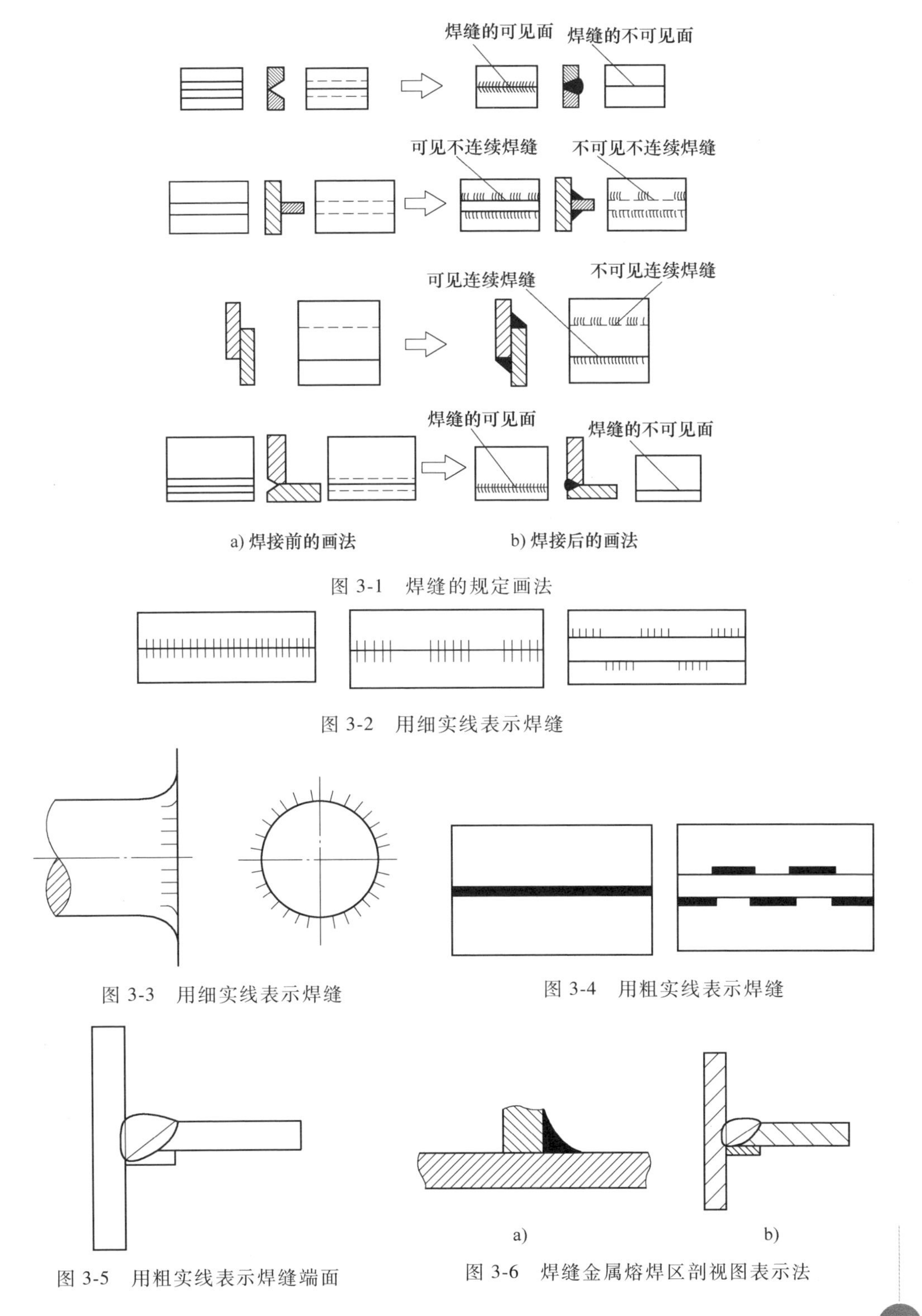

图 3-1 焊缝的规定画法

图 3-2 用细实线表示焊缝

图 3-3 用细实线表示焊缝

图 3-4 用粗实线表示焊缝

图 3-5 用粗实线表示焊缝端面

图 3-6 焊缝金属熔焊区剖视图表示法

4）用轴测图示意的表示焊缝的画法，如图 3-7 所示。

5）局部放大图。必要时，可将焊缝部位放大并标注焊缝尺寸符号或数字，如图 3-8 所示。

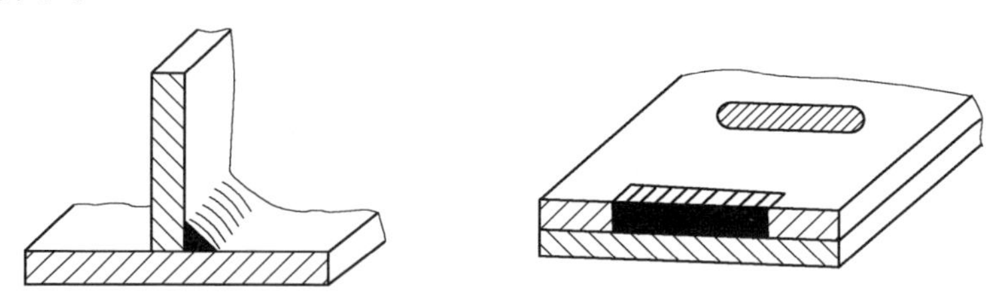

图 3-7　焊缝轴测图表示法

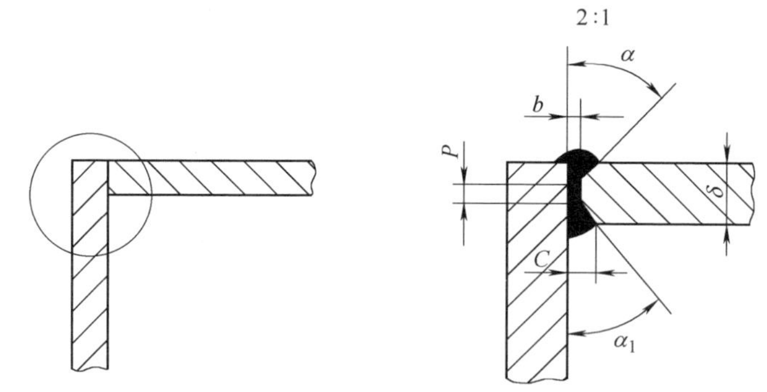

图 3-8　焊缝区的局部放大图

6）当在图样中采用图示法绘出焊缝时，通常应同时标注焊缝符号，如图 3-9 所示。

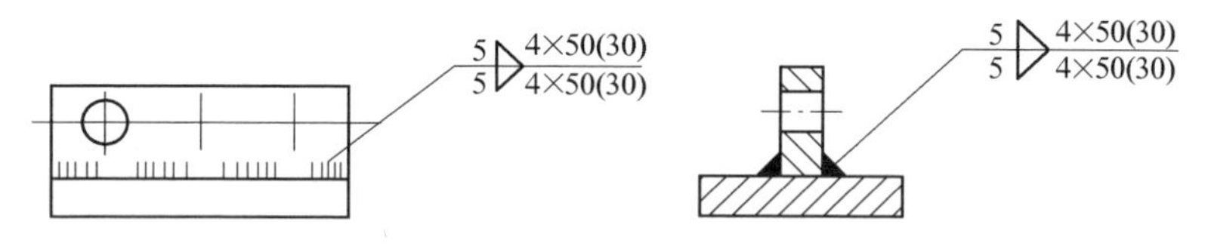

图 3-9　图示法配合焊缝符号的标注方法

二、标注法

为了使图样清晰并减轻绘图的工作量，可用 GB/T 324—2008《焊缝符号表示法》规定的焊缝符号来标法焊缝。

焊接符号标注法是把在图样上用技术制图方法表示的焊缝基本形式和尺寸采用一些符号来表示的方法。焊缝符号可以表示出焊缝的位置、焊缝横截面形状（坡口形状）及坡口尺寸、焊缝表面形状特征、焊缝某些特征或其他要求。

焊缝符号一般由基本符号、辅助符号、补充符号、指引线及焊缝尺寸符号组成，此内容将在本章第六节中详细介绍。

第二节　焊缝的基本符号及应用

一、基本符号

根据 GB/T 324—2008《焊缝符号表示法》的规定，焊缝符号一般由基本符号与指引线组成。必要时还可以加上辅助符号、补充符号和焊缝尺寸及数据。焊缝基本符号是表示焊缝横截面的基本形式或特征的符号，见表 3-1。

表 3-1　焊缝基本符号

序号	名称	示意图	符号
1	卷边焊缝(卷边完全熔化)	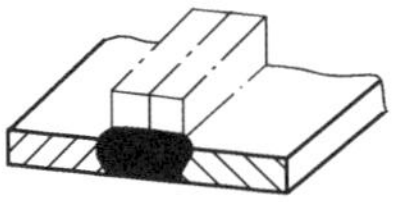	
2	I 形焊缝		
3	V 形焊缝		
4	单边 V 形焊缝		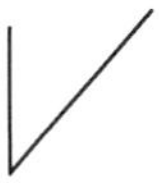
5	带钝边 V 形焊缝	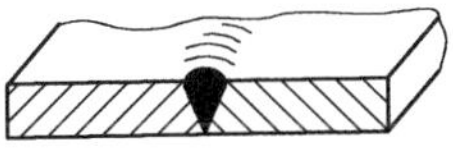	
6	带钝边单边 V 形焊缝	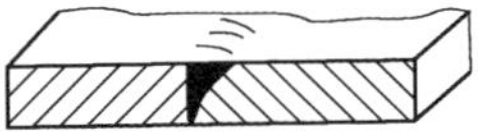	
7	带钝边 U 形焊缝	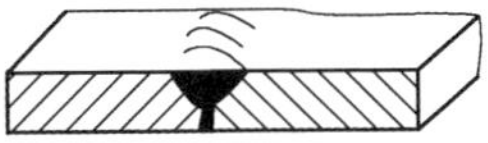	
8	带钝边 J 形焊缝	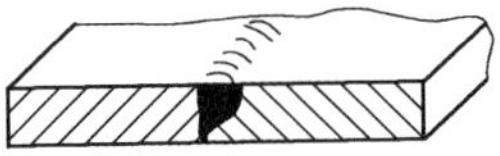	
9	封底焊缝	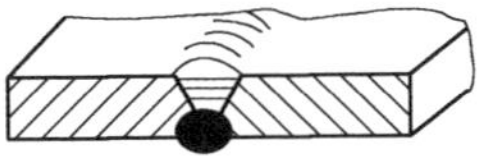	

（续）

序号	名称	示意图	符号
10	角焊缝	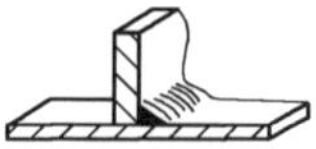	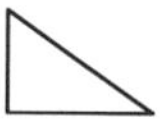
11	塞焊缝或槽焊缝	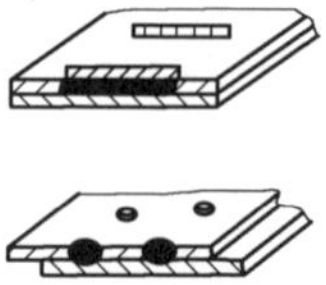	
12	点焊缝	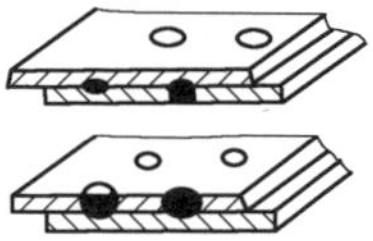	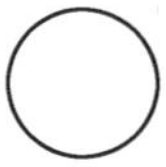
13	缝焊缝	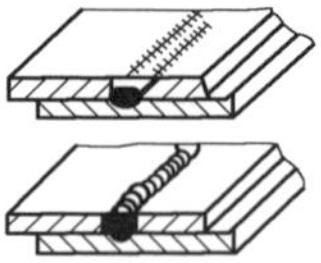	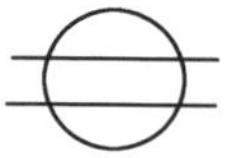
14	陡边 V 形焊缝	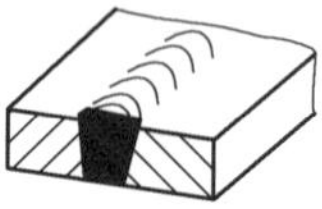	
15	陡边单 V 形焊缝	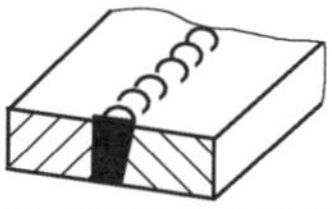	
16	端焊缝		
17	堆焊缝	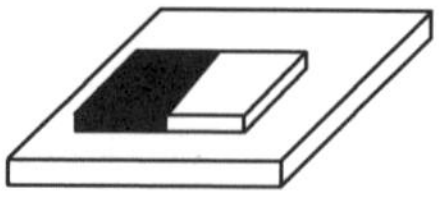	
18	平面连接（钎焊）	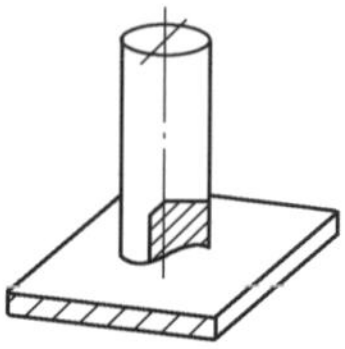 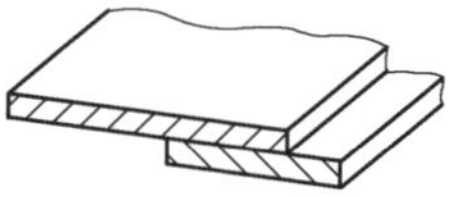	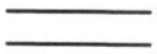

（续）

序号	名称	示意图	符号
19	斜面连接（钎焊）	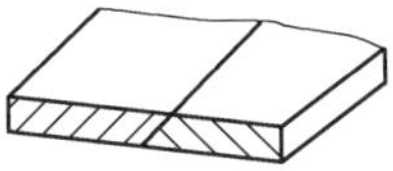	 //
20	折叠连接（钎焊）	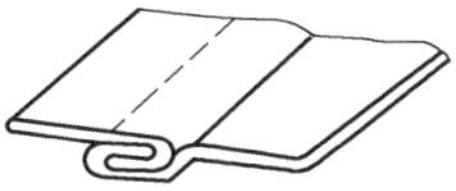	

标注双面焊缝或接头时，基本符号可以组合使用，见表 3-2。

表 3-2 基本符号的组合

序号	名称	示意图	符号
1	双面 V 形焊缝 （X 焊缝）	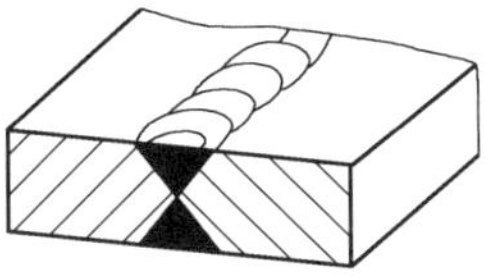	 X
2	双面单 V 形焊缝 （K 焊缝）	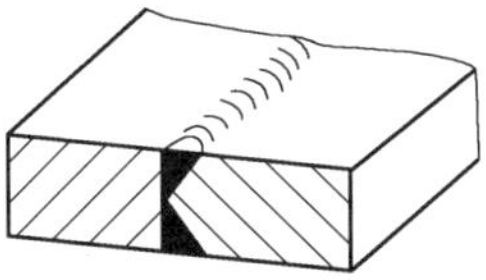	 K
3	带钝边的双面 V 形焊缝	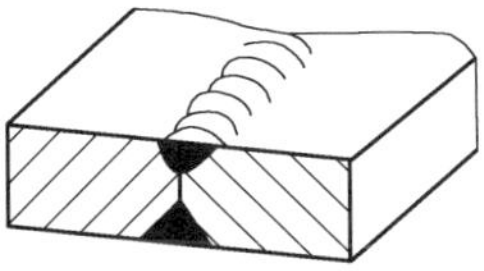	
4	带钝边的双面单 V 形焊缝	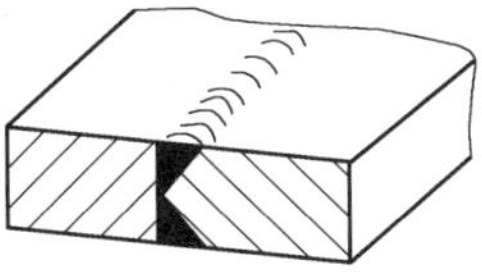	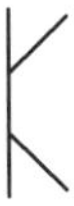
5	双面 U 形焊缝	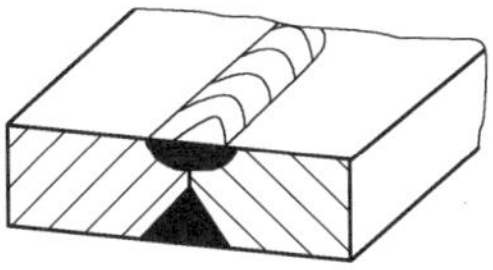	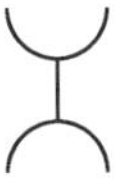

二、基本符号的应用

焊缝基本符号的应用示例见表 3-3。

表 3-3　焊缝基本符号应用示例

序号	符号	示意图	标注方法
1	 V	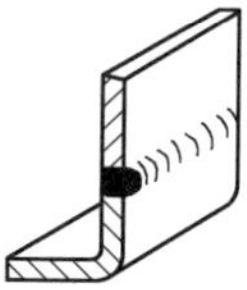	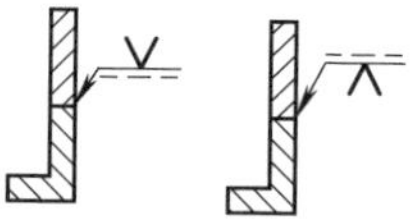
2	 Y	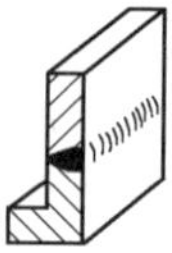	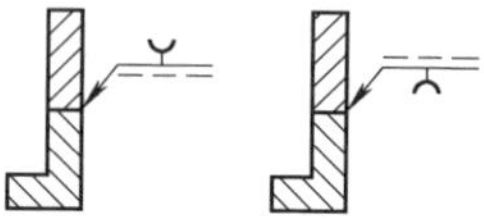
3	 X	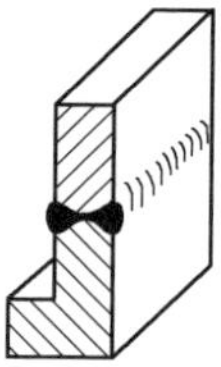	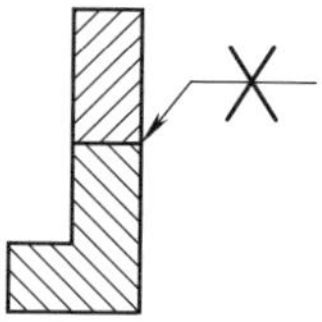
4	◺	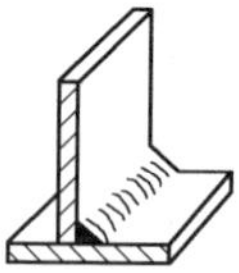	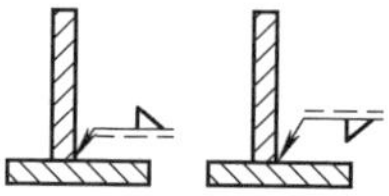
5	 K	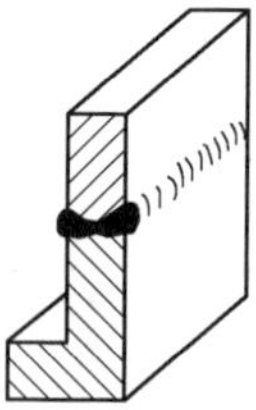	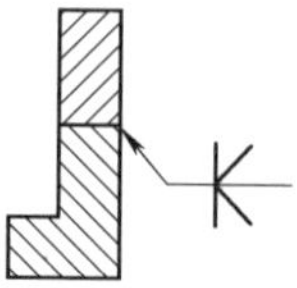

第三节　焊缝的补充符号及应用

一、补充符号

焊缝的补充符号是用来补充说明有关焊缝或接头的某些特征，如表面形状、衬垫、焊缝分布、施焊地点等的符号，见表 3-4。

表 3-4　焊缝补充符号

序号	名称	符号	说明
1	平面	—	焊缝表面通常经过加工后平整
2	凹面	◡	焊缝表面凹陷
3	凸面	◠	焊缝表面凸起
4	圆滑过渡		焊趾处过渡圆滑
5	永久衬垫	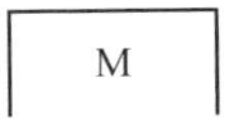 M	衬垫永久保留
6	临时衬垫	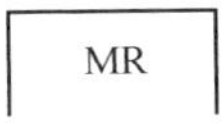 MR	衬垫在焊接完成后拆除
7	三面焊缝	⊏	三面带有焊缝
8	周围焊缝	○	沿着工件周边施焊的焊缝，标注位置为基准线与箭头线的交点处
9	现场焊缝		在现场焊接的焊缝
10	尾部	<	可以表示所需的信息

二、补充符号的应用

焊缝补充符号的应用示例见表 3-5。

表 3-5　焊缝补充符号应用示例

序号	名称	示意图	符号
1	平齐的 V 形焊缝	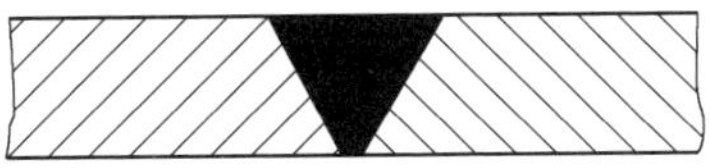	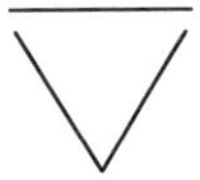

（续）

序号	名称	示意图	符号
2	凸起的双面 V 形焊缝	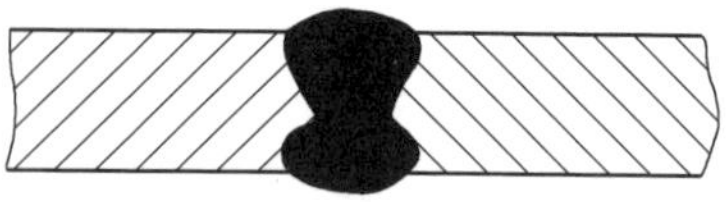	
3	凹陷的角焊缝	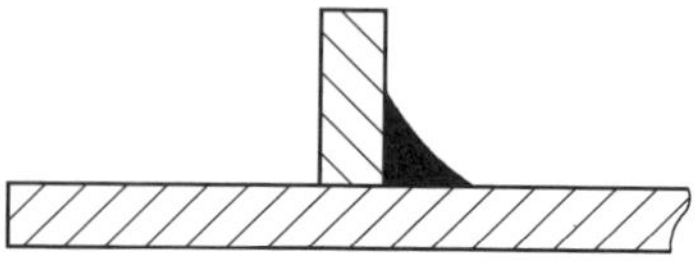	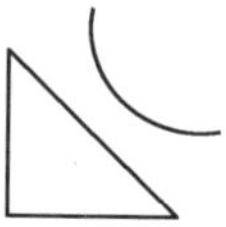
4	平齐的 V 形焊缝和封底焊缝		
5	表面过渡平滑的角焊缝	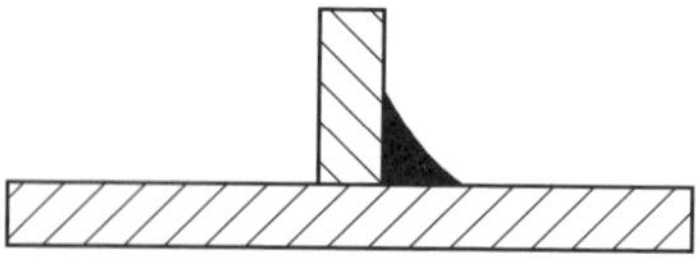	

三、补充符号的标注示例

焊缝补充符号的标注示例见表 3-6。

表 3-6　焊缝补充符号的标注示例

序号	符号	示意图	标注示例
1		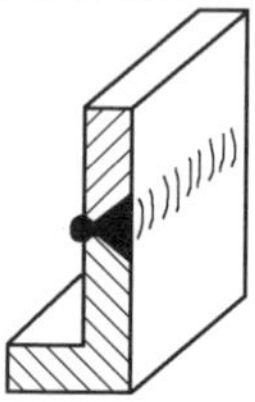	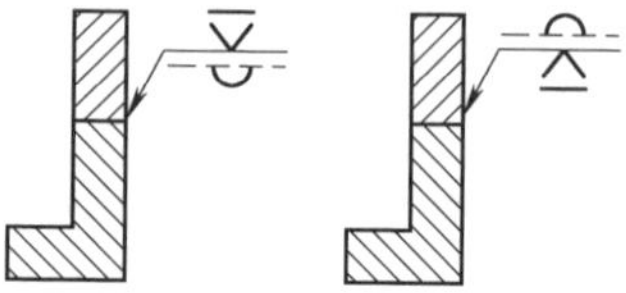
2		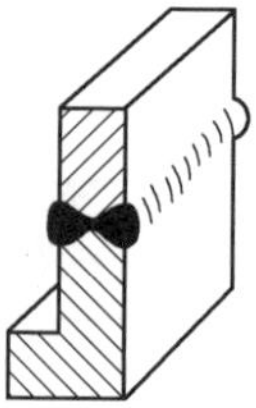	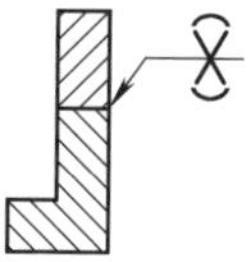

（续）

序号	符号	示意图	标注示例
3			

第四节　基本符号和指引线的位置规定

1. 基本要求

在焊缝符号中，基本符号和指引线为基本要素。焊缝的准确位置通常由基本符号和指引线之间的相对位置决定，具体位置包括箭头线的位置、基准线的位置和基本符号的位置。

2. 指引线

指引线一般由带箭头的线（简称箭头线）和两条基准线（一条为实线，另一条为虚线）两部分组成。基准线一般与主标题栏平行。

指引线有箭头的一端指向有关焊缝，虚线表示焊缝在接头的非箭头侧，在需要表示焊接方法等说明时，可在基准线末端加一尾部符号，如图 3-10 所示。

箭头线有两种关系：接头的箭头侧和接头的非箭头侧。箭头直接指向的接头侧为“接头的箭头侧”，与之相对的则为“接头的非箭头侧”，如图 3-11 所示。

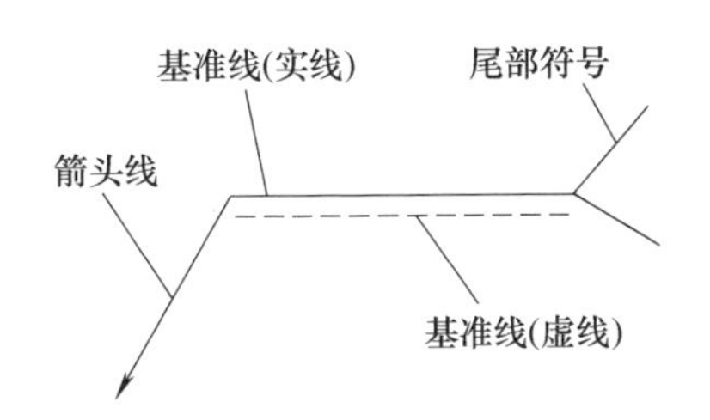

图 3-10　焊缝标注指引线

3. 箭头线的位置

箭头线相对焊缝的位置一般没有特殊的要求，箭头线可以标在有焊缝的一侧，也可以标在没有焊缝的一侧，如图 3-12a 和图 3-12b 所示。

但是在标注 V、Y、T 形坡口焊缝时，箭头应指向带有坡口一侧的工件，如图 3-12c 和图 3-12d 所示。必要时，允许箭头线弯折一次，如图 3-13 所示。

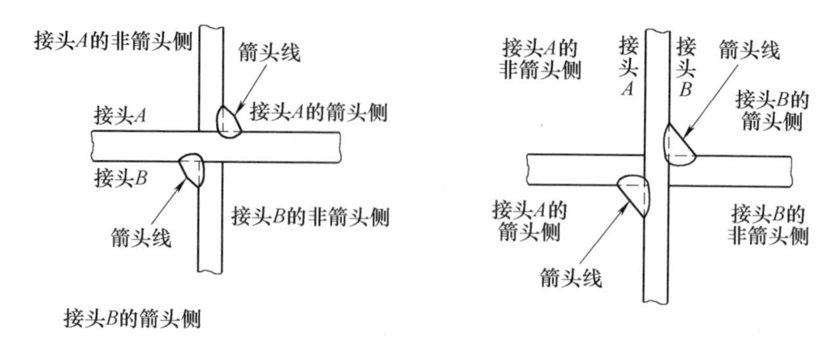

图 3-11　接头的“箭头侧”及“非箭头侧”示例

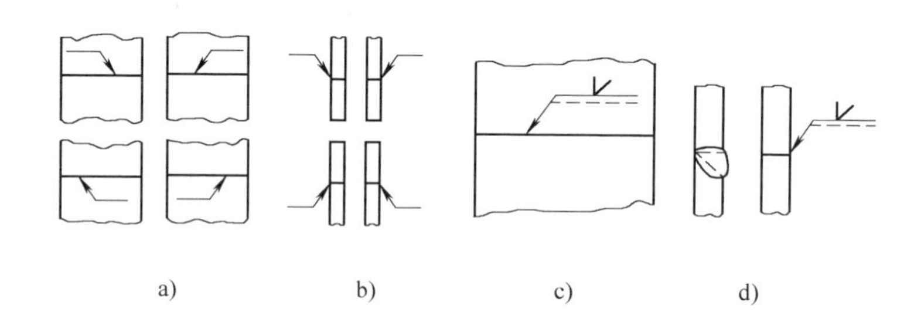

图 3-12　箭头线的位置

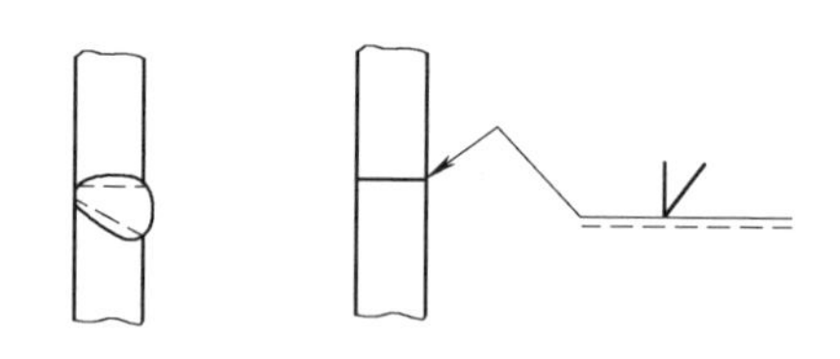

图 3-13　弯折的箭头线

4. 基准线

基准线的虚线可以画在实线的下侧或上侧。基准线一般应与图样的底边相平行，但在特殊条件下也可与底边相垂直。

5. 基本符号与基准线的相对位置

1）如果焊缝在接头的箭头侧，则将基本符号标在基准线的实线侧，如图 3-14b 所示；如果焊缝在接头的非箭头侧，则将基本符号标在基准线的虚线侧，如图 3-14c 所示。

2）标注对称焊缝及双面焊缝时，可不加虚线，如图 3-15 所示。

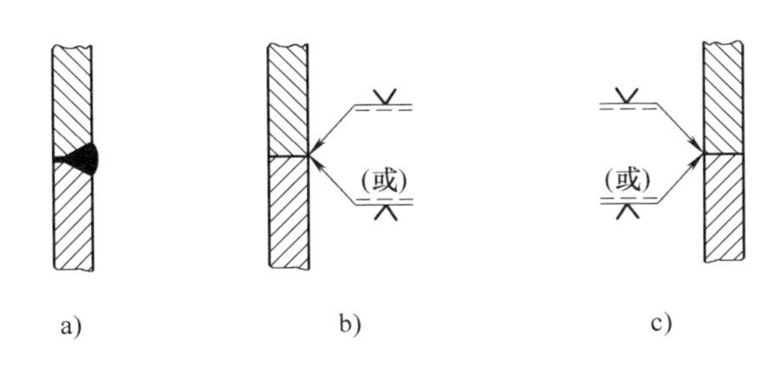

图 3-14　基本符号相对基准线的位置

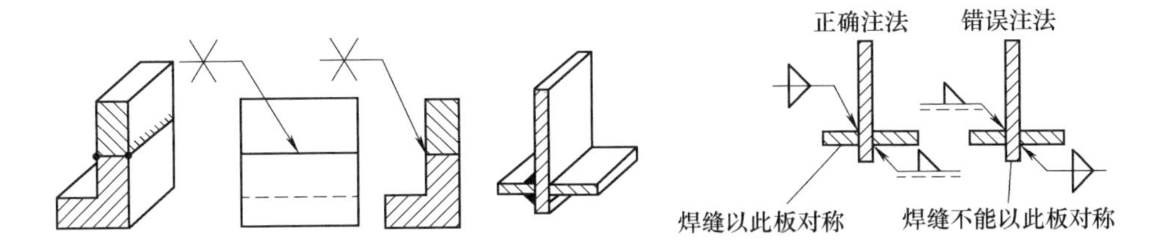

图 3-15　双面焊缝和对称焊缝的标注方法

第五节　焊缝尺寸符号

一、一般要求

焊缝尺寸符号是表示坡口和焊缝横截面各种特征尺寸的符号，必要时基本符号可以附带尺寸符号及数据，见表 3-7。

表 3-7　焊缝尺寸符号

符号	名称	示意图
δ	工件厚度	δ
α	坡口角度	α
b	根部间隙	b
p	钝边高度	p

（续）

符号	名称	示意图
c	焊缝宽度	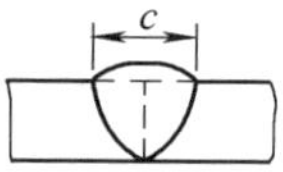
R	根部半径	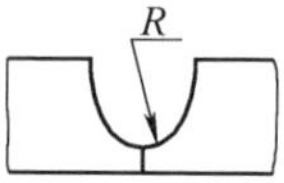
l	焊缝长度	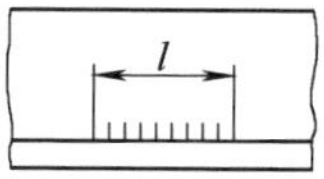
n	焊缝段数	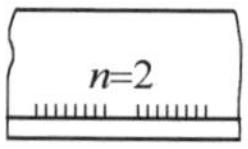
e	焊缝间距	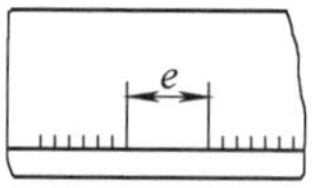
K	焊脚尺寸	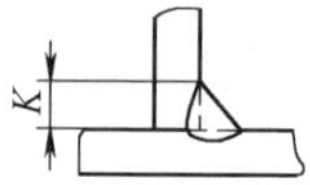
d	点焊：熔核直径 塞焊：孔径	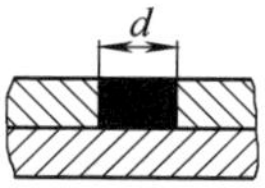
S	焊缝有效厚度	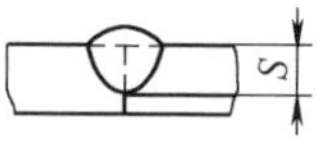
N	相同焊缝数	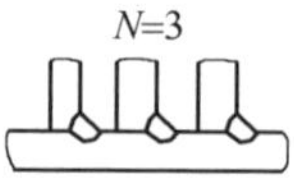
H	坡口深度	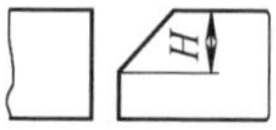
h	余高	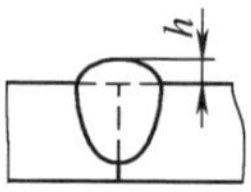
β	坡口面角度	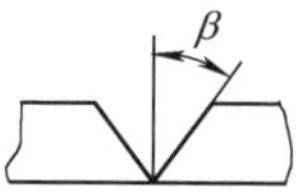

二、标注规则

焊缝尺寸的标注方法，如图 3-16 所示。

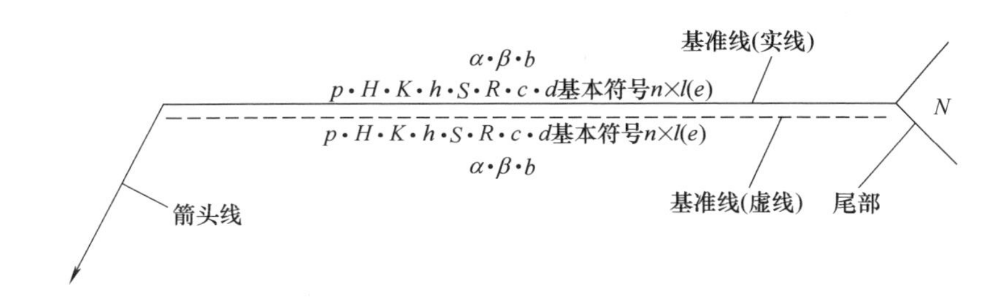

图 3-16　焊缝尺寸符号及数据的标注规则

1. 基本符号的左侧标注

焊缝横截面上的尺寸数据，如坡口深度 H、焊脚尺寸 K、焊缝有效厚度 S、根部半径 R、钝边高度 p、余高 h、焊缝宽度 c、熔核直径 d 等尺寸，必须标注在基本符号的左侧。

2. 基本符号的右侧标注

焊缝长度方向的尺寸数据，如焊缝长度 l、焊缝间距 e、焊缝段数 n 等尺寸，必须标注在基本符号的右侧。

3. 基本符号的上侧或下侧标注

焊缝的坡口角度 α、坡口面角度 β、根部间隙 b 等尺寸，必须标注在基本符号的上侧或下侧。

4. 相同焊缝数量符号 N 的标注

在指引线的尾部，标注表示焊接方法的数字代号或相同焊缝的个数。焊条电弧焊或没有特殊要求的焊缝，可以省略尾部符号和标注。

5. 其他标注

1）当需要标注的尺寸数据较多又不易分辨时，可在数据前面增加相应的尺寸符号。当箭头方向变化时，上述原则不变。

2）确定焊缝位置的尺寸不在焊缝符号中标注，应将其标注在图样上。

3）在基本符号的右侧无任何尺寸标注而又无其他说明时，意味着焊缝在工件的整个长度方向上是连续的。

4）在基本符号的左侧无任何尺寸标注而又无其他说明时，意味着对接焊缝应完全焊透。

5）塞焊缝、槽焊缝带有斜边时，应标注其底部的尺寸。

三、焊缝尺寸的标注

焊缝尺寸的标注示例见表 3-8。

表 3-8　焊缝尺寸标注示例

序号	名称	示意图	焊缝尺寸符号	示例
1	对接焊缝	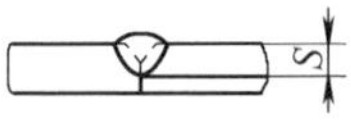	S:焊缝有效厚度	 S
2	连续角焊缝	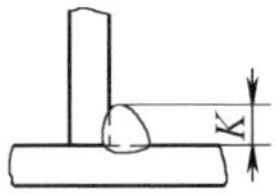	K:焊脚尺寸	 K
3	断续角焊缝	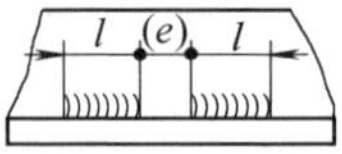	l:焊缝长度(不计弧坑) e:焊缝间距 n:焊缝段数 K:焊脚尺寸	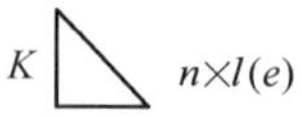 K　$n\times l(e)$
4	交错断续角焊缝	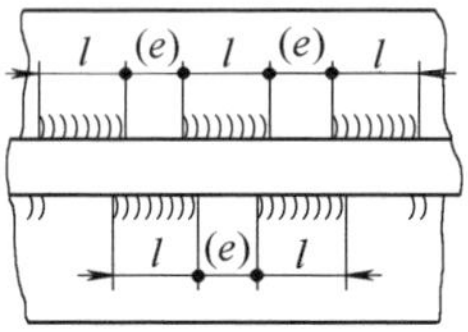	l:焊缝长度(不计弧坑) e:焊缝间距 n:焊缝段数 K:焊脚尺寸	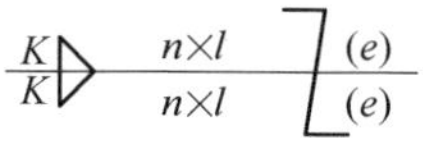 K $n\times l$ (e) K $n\times l$ (e)
5	塞焊缝或槽焊缝	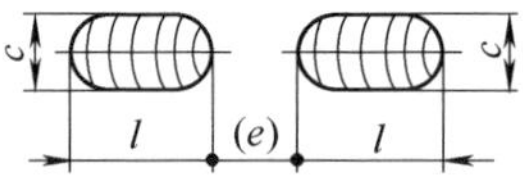	l:焊缝长度(不计弧坑) e:焊缝间距 n:焊缝段数 c:槽宽	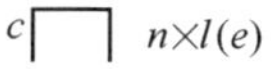 c　$n\times l(e)$
		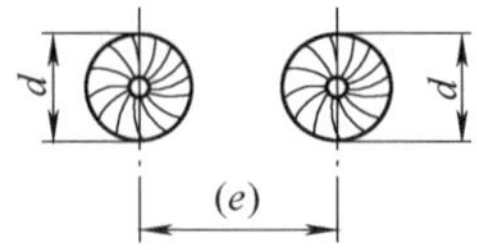	e:焊缝间距 n:焊缝段数 d:孔的直径	 d　$n\times(e)$
6	缝焊缝	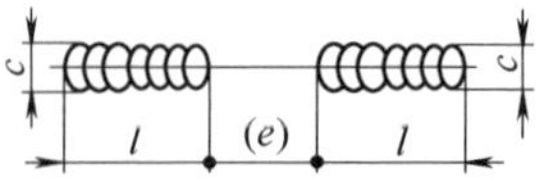	l:焊缝长度(不计弧坑) e:焊缝间距 n:焊缝段数 c:焊缝宽度	 c　$n\times l(e)$
7	点焊缝	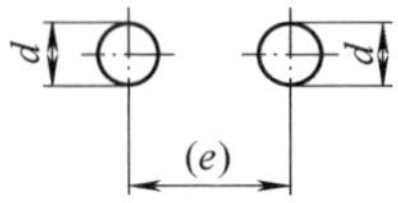	n:焊缝段数 e:焊缝间距 d:熔点直径	 d　$n\times l(e)$

第六节　焊缝符号的简化标注方法

一、简化说明

为了使图样更清晰并减轻绘图工作量，可按 GB/T 12212—2012《技术制图 焊缝符号的尺寸、比例及简化表示法》中规定的简化焊缝进行标注。

1）当同一图样上全部焊缝所采用的焊接方法完全相同时，焊缝符号尾部表示焊接方法的代号可省略不注，但必须在技术要求或其他技术文件中注明“全部焊缝均采用××焊”等字样；当大部分焊接方法相同时，也可在技术要求或其他技术文件中注明“除图样中注明的焊接方法外，其余焊缝均采用××焊”等字样。

2）在焊缝符号中标注交错对称焊缝的尺寸时，允许在基准线上只标注一次，如图 3-17 所示。

3）当断续焊缝、对称断续焊缝和交错断续焊缝的段数无严格要求时，允许省略焊缝段数，如图 3-18 所示。

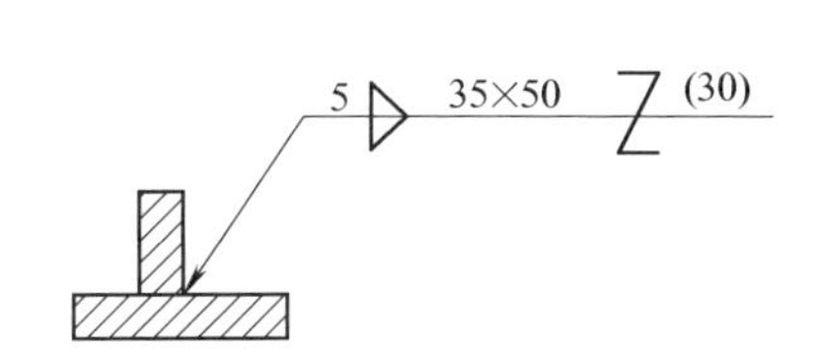

图 3-17　交错对称焊缝的标注

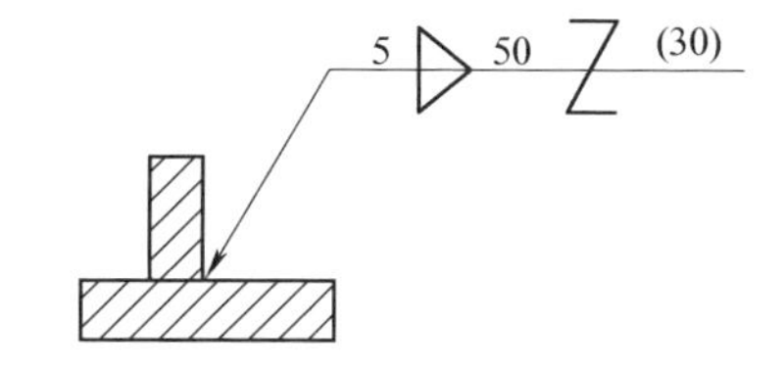

图 3-18　断续焊缝省略焊缝段数的标注

4）当同一图样中全部焊缝相同且已用图示法明确表示其位置时，可统一在技术要求中用符号表示或用文字说明，如“全部焊缝为 5”。当部分焊缝相同时，也可采用同样的方法表示，但剩余焊缝应在图样中明确标注。

5）在同一图样中，当若干条焊缝的坡口尺寸和焊缝符号均相同时，可采用图 3-19 所示的方法集中标注；当这些焊缝在接头中的位置相同时，也可采用在焊缝符号的尾部加注相同焊缝数量的方法简化标注，但其他形式的焊缝仍需分别标注，如图 3-20 所示。

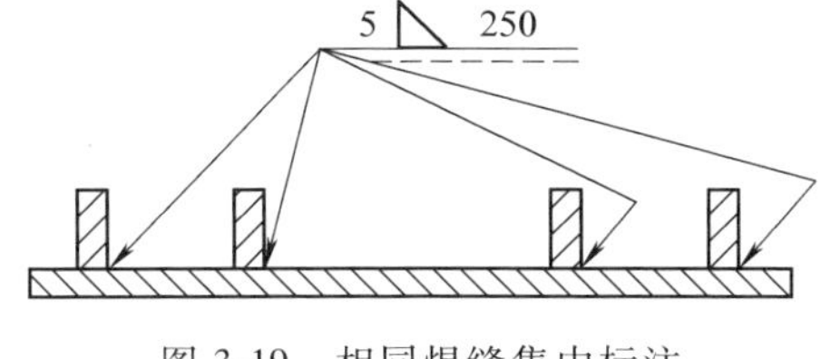

图 3-19　相同焊缝集中标注

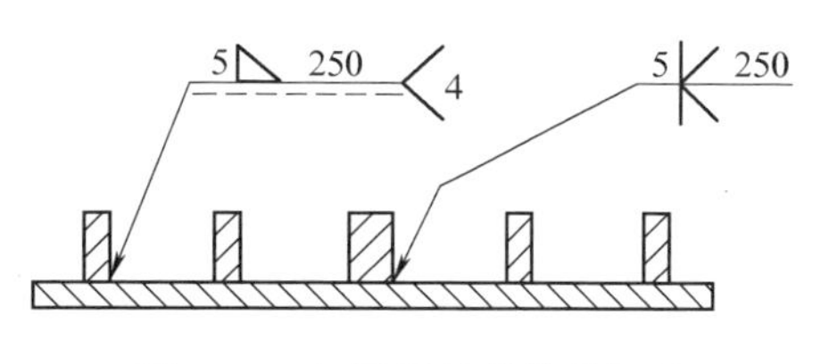

图 3-20　相同焊缝的简化标注

6）在不至于引起误解的情况下，当箭头线指向焊缝，而非箭头侧又无焊缝要求时，允许省略非箭头侧的基准线（虚线），如图 3-21 所示。

7）当焊缝长度的起始和终止位置明确（已由结构件的尺寸等确定）时，允许在焊缝符号中省略焊缝长度，如图 3-21 所示。

8）现场焊缝符号允许简化，如图 3-22 所示。

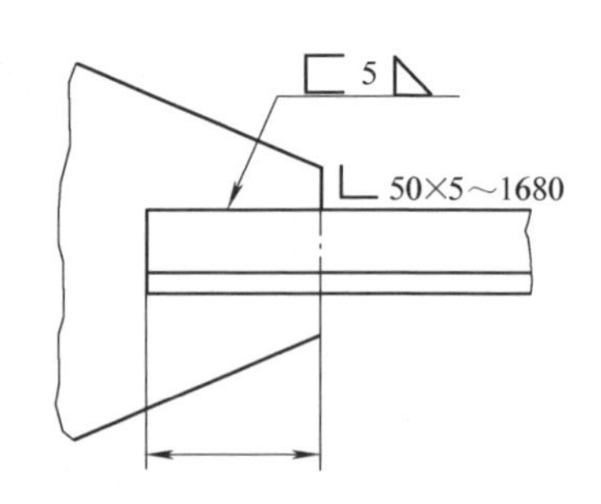

图 3-21　省略非箭头侧的基准线

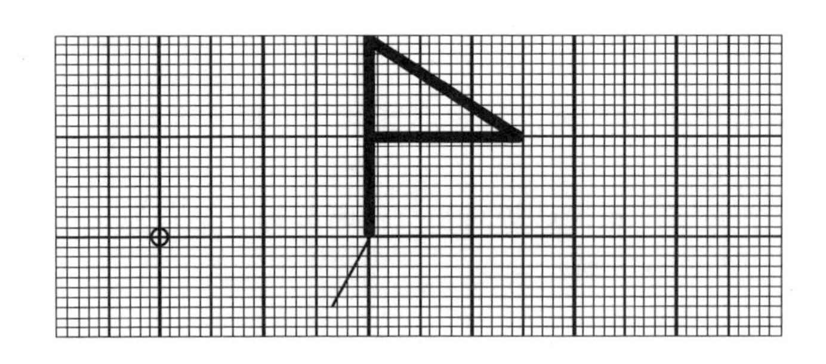

图 3-22　现场焊缝符号的简化

二、简化画法示例

焊缝简化画法的示例见表 3-9。

表 3-9　焊缝简化画法示例

序号	视图或剖视图画法示例	焊缝符号及定位尺寸简化注法示例	说明
1	s　L　l　e　l	s ‖ $n\times l(e)$　L	断续 I 形焊缝在箭头侧；其中 L 是确定焊缝起始位置的定位尺寸
		s ‖ $l(e)$　L	按规定焊缝符号标注中省略了焊缝段数和非箭头侧的基准线虚线

（续）

序号	视图或剖视图画法示例	焊缝符号及定位尺寸简化注法示例	说明
2	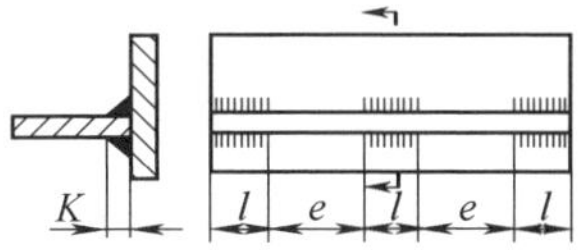	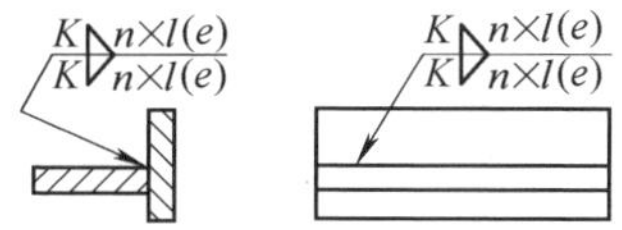	对称断续角焊缝构件两端均有焊缝
		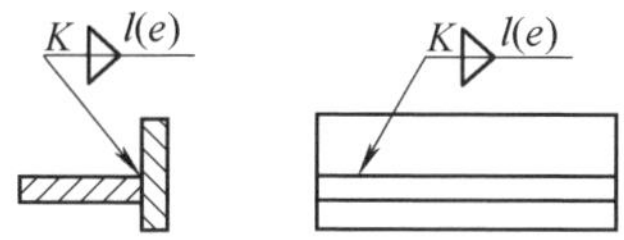	按照规定焊缝符号标注中省略了焊缝段数，并且焊缝符号中的尺寸只在基准线上标注了一次
3	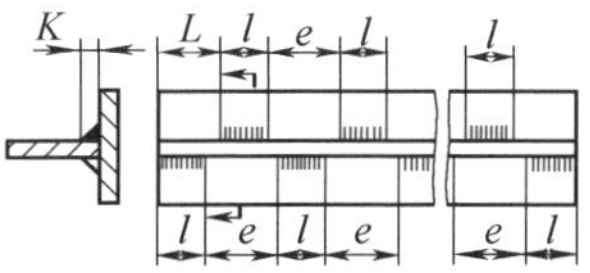	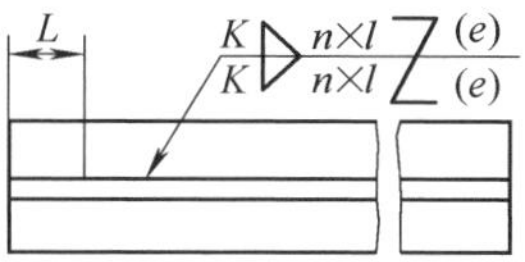	交错断续角焊缝，其中 L 是确定箭头侧焊缝起始位置的定位尺寸；工件在非箭头侧两端均有焊缝
		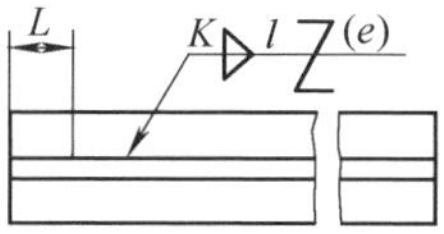	说明见本表序号 2
4	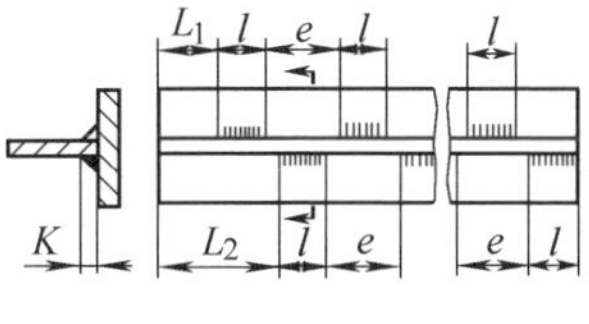	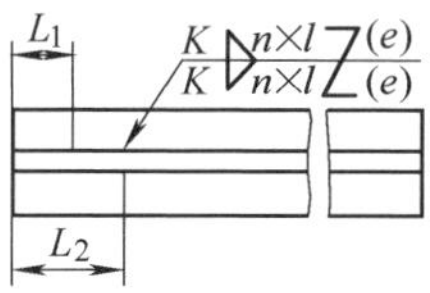	交错断续角焊缝，其中 L_1 是确定箭头侧焊缝起始位置的定位尺寸；L_2 是确定非箭头侧焊缝起始位置的定位尺寸
		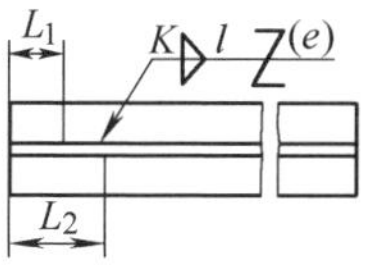	说明见本表序号 2
5	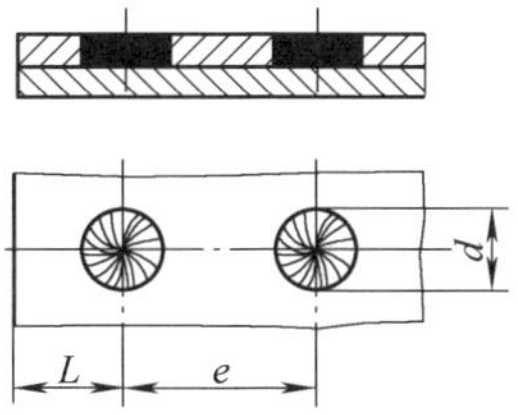	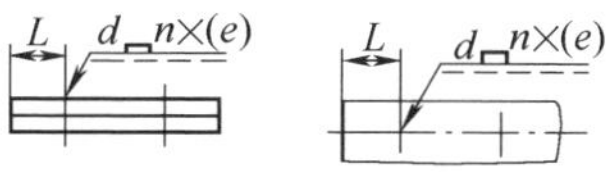	塞焊缝在箭头侧，其中 L 是确定焊缝起始孔中心位置的定位尺寸
		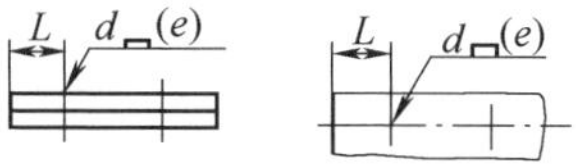	说明见本表序号 1

（续）

序号	视图或剖视图画法示例	焊缝符号及定位尺寸简化注法示例	说明
6	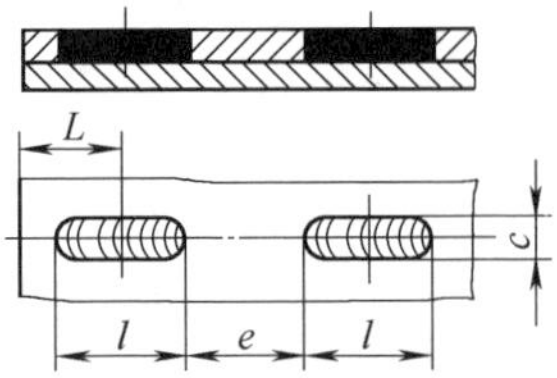	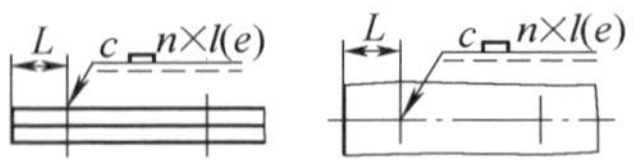 L c $n\times l(e)$	槽焊缝在箭头侧，其中 L 是确定焊缝起始槽对称中心位置的定位尺寸
		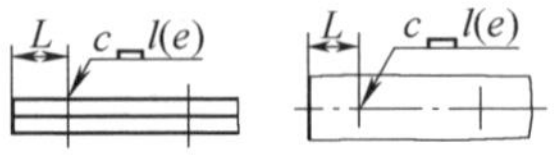 L c $l(e)$	说明见本表序号 1
7	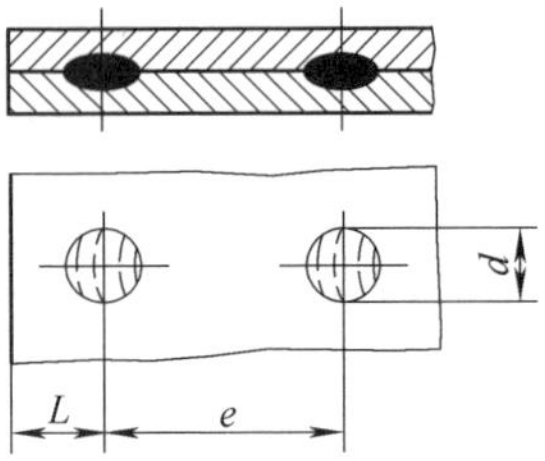	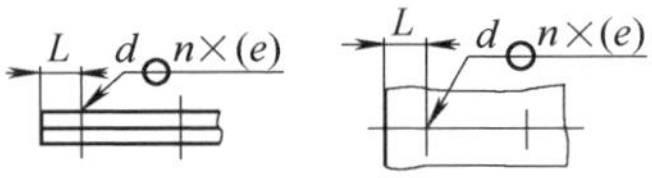 L d $n\times(e)$	点焊缝位于中心位置，其中 L 是确定焊缝起始焊点中心位置的定位尺寸
		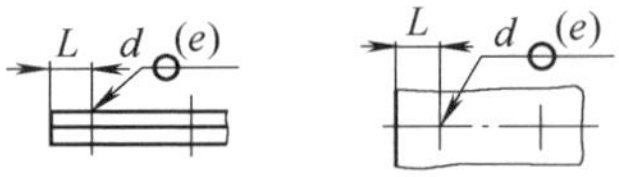 L d (e)	焊缝符号标注中省略了焊缝段数
8	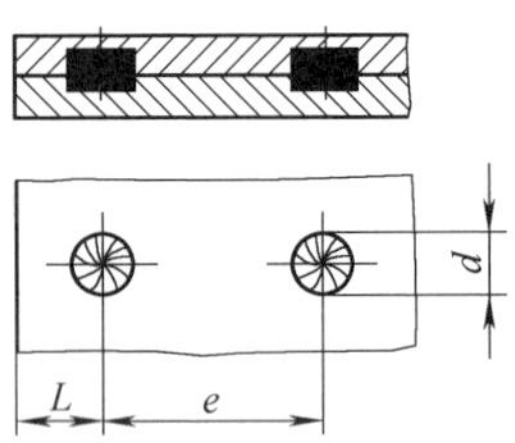	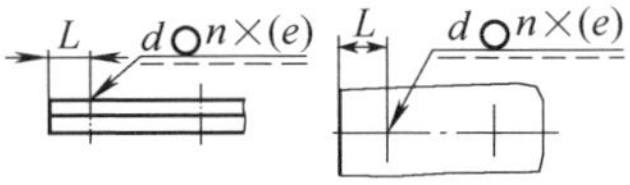 L d $n\times(e)$	点焊缝偏离中心位置，在箭头侧
		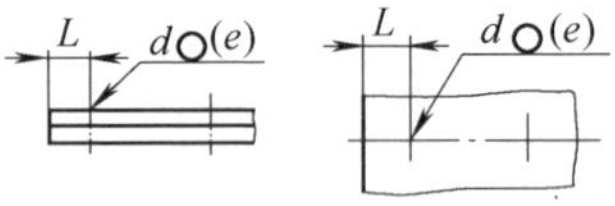 L d (e)	说明见本表序号 1
9	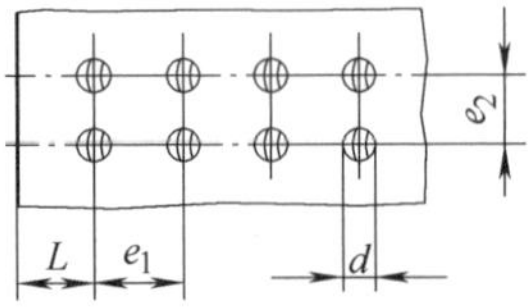	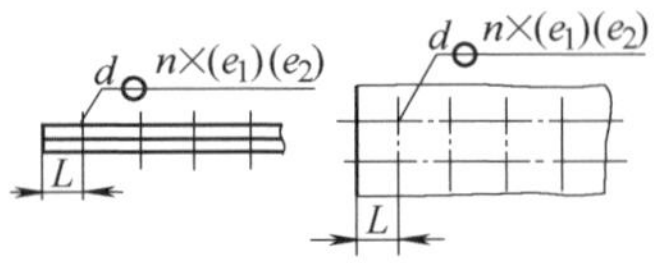 d $n\times(e_1)(e_2)$ L	两行对称点焊缝位于中心位置，其中 e_1 是相邻两焊点中心的间距；e_2 是点焊缝的行间距；L 是确定第一列焊缝起始焊点中心位置的定位尺寸
		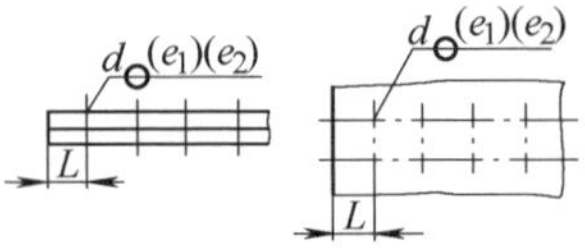 d $(e_1)(e_2)$ L	说明见本表序号 7

（续）

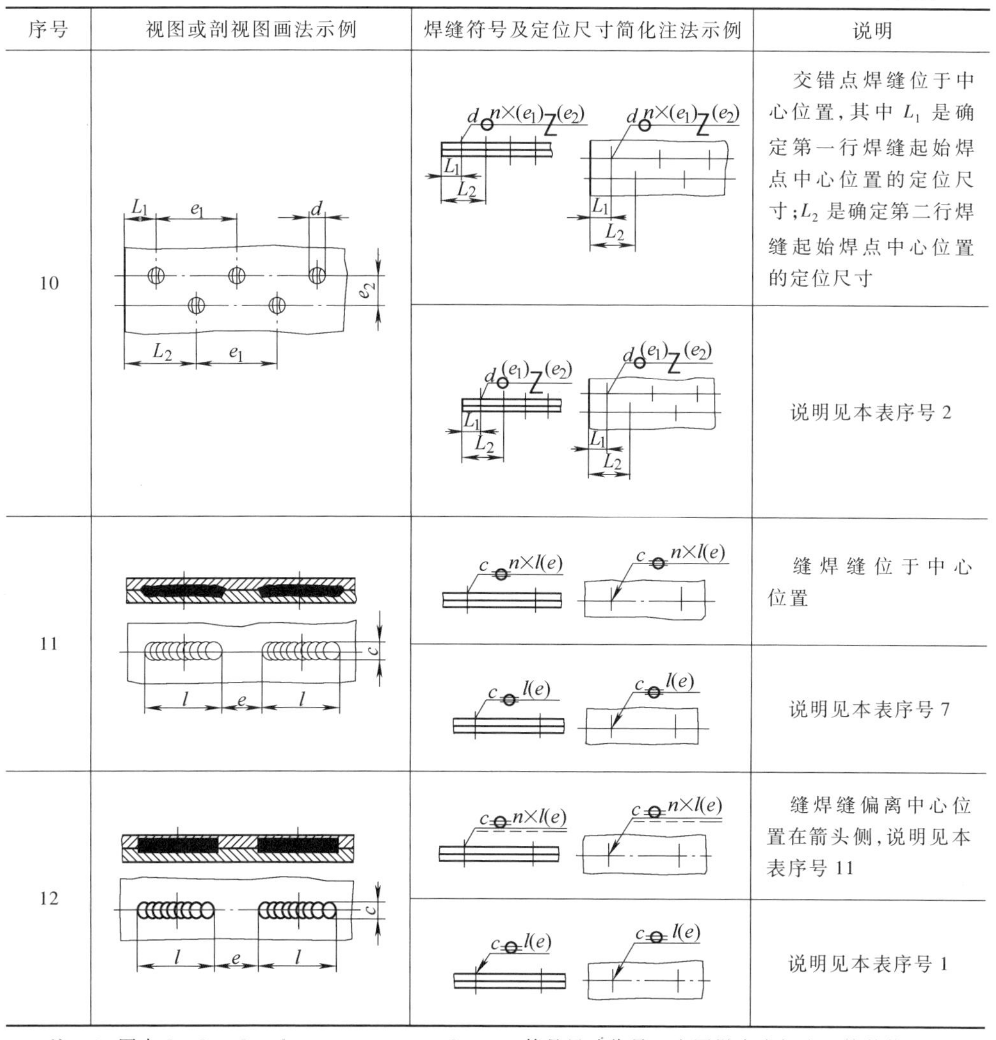

序号	视图或剖视图画法示例	焊缝符号及定位尺寸简化注法示例	说明
10			交错点焊缝位于中心位置，其中 L_1 是确定第一行焊缝起始焊点中心位置的定位尺寸；L_2 是确定第二行焊缝起始焊点中心位置的定位尺寸
			说明见本表序号 2
11			缝焊缝位于中心位置
			说明见本表序号 7
12			缝焊缝偏离中心位置在箭头侧，说明见本表序号 11
			说明见本表序号 1

注：1. 图中 L、L_1、L_2、l、e、e_1、e_2、s、d、c、n 等是尺寸代号，在图样中应标出具体数值。

2. 在焊缝符号标注中省略焊缝段数和非箭头侧的基准线（虚线）时，必须认真分析，不得产生误解。

第七节　焊缝符号的综合示例

一、识别焊缝符号的基本方法

1）根据箭头的指引方向了解焊缝在工件上的位置。

2）看图样上工件的结构形式（即组焊工件的相对位置）识别出接头形式。

3）通过基本符号可以识别焊缝形式（即坡口形式）、基本符号上、下标有坡口角度及对装间隙。

4）通过基准线的尾部标注可以了解所采用的焊接方法（参见表 4-1）、对焊接的质量要求以及无损检测要求。

5）尾部标注的内容较多时，可参照如下次序排列：

① 相同焊缝数量。

② 焊接方法代号（按照 GB/T 5185 的规定）。

③ 缺陷质量等级（按照 GB/T 19418 的规定）。

④ 焊接位置（按照 GB/T 16672 的规定）。

⑤ 焊接材料。

⑥ 其他。

6）每个款项应用斜线“/”分开。为了简化图样，也可以将上述有关内容包含在某个文件中，采用封闭尾部给出该文件的编号，如图 3-23 所示。

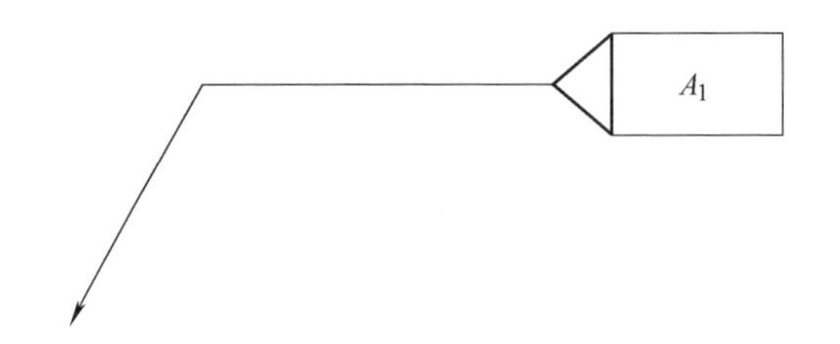

图 3-23　封闭尾部示例

二、综合示例

常见焊缝符号的标注示例见表 3-10。

表 3-10　常见焊缝符号的标注示例

接头形式	焊缝形式及尺寸	标注示例	说明
对接接头	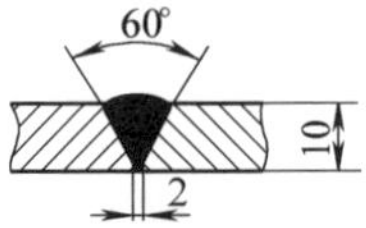	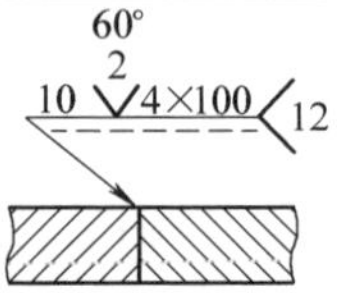	表示板厚 10mm，对接缝隙 2mm，坡口角度 60°，4 条焊缝，每条焊缝长 100mm，采用埋弧焊
角接头	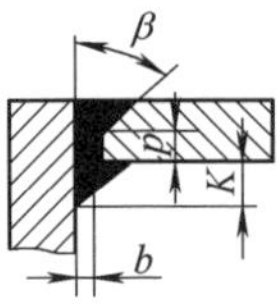	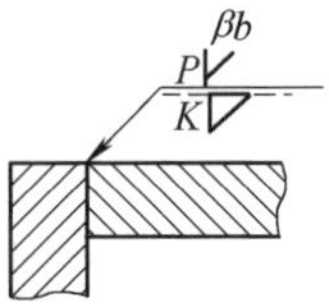	表示双面焊缝，上面为单边 V 形焊缝，下面为角焊缝，p 表示钝边高度，β 表示坡口的角度，b 表示根部间隙，K 表示焊脚尺寸

（续）

接头形式	焊缝形式及尺寸	标注示例	说明
搭接	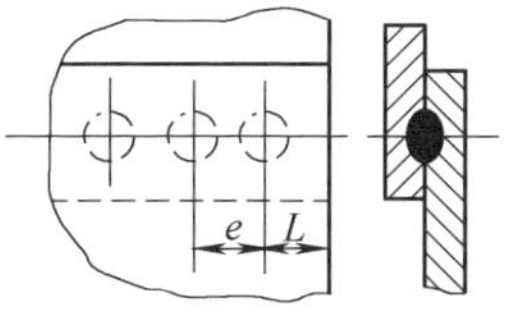	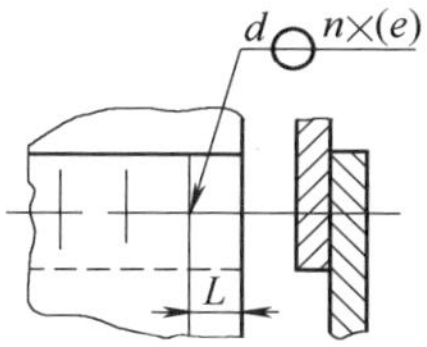	○表示点焊缝，熔核直径为 d，共 n 个焊点，焊点间距为 e，L 是确定第一个起始焊点中心位置的定位尺寸
	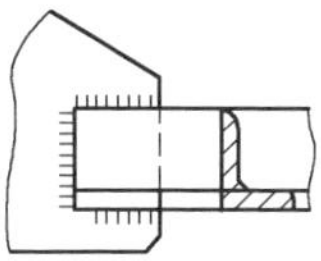	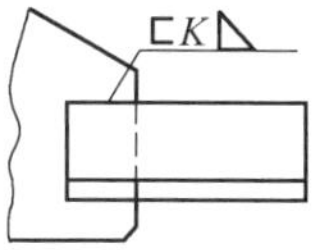	⊏ 表示三面焊缝 ◺ 表示单面角焊缝 K 表示焊脚尺寸
T形接头	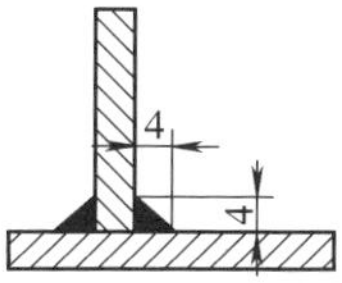	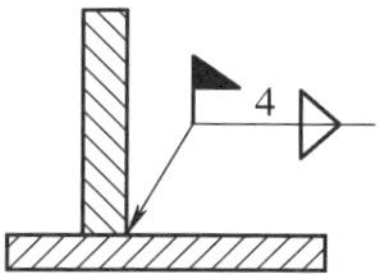	⚑ 表示在现场装配时进行焊接 4▷ 表示双面角焊缝，焊脚尺寸为4mm
	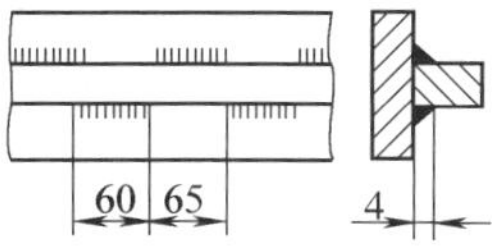	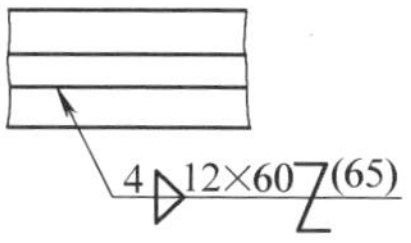	焊脚尺寸为4mm的双面角焊缝，有12条断续焊缝，每段焊缝长度为6mm，焊缝间隙为65mm，“Z”表示两面断续焊缝交错

4

焊接方法及其表示方法

第一节　常用焊接方法代号

焊接方法代号是用数字简明表示各种焊接方法。在 GB/T 5185—2005《焊接及相关工艺方法代号》中规定了用阿拉伯数字代号表示各种焊接方法，此代号与 GB/T 324—2008《焊缝符号表示法》配套使用，在图样上标注。

常用焊接与切割方法的代号见表 4-1。

表 4-1　常用焊接与切割方法的代号

焊接方法	代号	焊接方法	代号
电弧焊	1	扩散焊	45
焊条电弧焊	111	气压焊	47
自保护药芯焊丝电弧焊	114	冷压焊	48
埋弧焊	12	高能束焊	5
单丝埋弧焊	121	电子束焊	51
多丝埋弧焊	123	真空电子束焊	511
熔化极气体保护电弧焊	13	非真空电子束焊	512
熔化极惰性气体保护电弧焊	131	激光焊	52
熔化极非惰性气体保护电弧焊	135	铝热焊	71
非熔化极气体保护电弧焊	14	电渣焊	72
钨极惰性气体保护电弧焊	141	感应焊	74
等离子弧焊	15	螺柱焊	78
等离子 MIG 焊	151	电阻螺柱焊	782
电阻焊	2	摩擦螺柱焊	788

（续）

焊接方法	代号	焊接方法	代号
点焊	21	切割与气刨	8
缝焊	22	火焰切割	81
凸焊	23	电弧切割	82
闪光焊	24	等离子弧切割	83
电阻对焊	25	激光切割	84
气焊	3	火焰气刨	86
氧乙炔焊	311	电弧气刨	87
压焊	4	硬钎焊	91
摩擦焊	41	软钎焊	94
爆炸焊	441	扩散软钎焊	949

每种焊接方法可通过代号加以识别。焊接及相关工艺方法一般采用三位数代号表示。其中，一位数代号表示工艺方法大类，两位数代号表示工艺方法分类，而三位数代号表示某种工艺方法。

第二节 常用的电弧焊工艺

电弧焊（arc welding）是利用电弧作为热源的熔焊方法，简称弧焊。这一类方法主要由焊条电弧焊、埋弧焊、气体保护电弧焊等方法组成。当采用自动焊接装置完成全部焊接操作时，就称为自动焊（automatic welding）。

一、焊条电弧焊

1. 概述

焊条电弧焊是用手工操纵焊条进行焊接的电弧焊方法。它利用焊条与工件之间建立起来的稳定燃烧的电弧，使焊条和母材熔化，从而获得牢固的焊接接头，其原理如图 4-1 所示。在焊接过程中，药皮不断分解、熔化而生成气体及熔渣，保护焊条端部、电弧、熔池及其附近区域，防止大气对熔化金属的有害影响。焊芯也在电弧热作用下不断熔化，进入熔池，成为焊缝的填充金属。

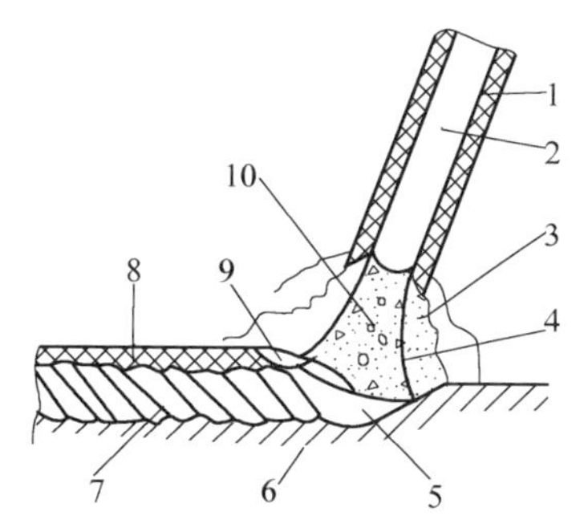

图 4-1 焊条电弧焊原理
1—药皮 2—焊芯 3—保护气 4—电弧 5—熔池 6—工件 7—焊缝 8—焊渣 9—熔渣 10—熔滴

2. 焊条电弧焊的特点

焊条电弧焊与其他的熔焊方法相比，具有如

下特点。

（1）操作灵活　焊条电弧焊之所以成为应用最广泛的焊接方法，主要是因为它的灵活性。由于焊条电弧焊设备简单、移动方便、电缆长、焊把轻，因而广泛应用于平焊、立焊、横焊、仰焊等各种空间位置和对接、搭接、角接、T形接头等各种接头形式的焊接。无论是在车间内，还是在野外施工现场均可实施焊条电弧焊。可以说，凡是焊条能达到的任何位置的接头，均可采用焊条电弧焊方法进行连接。对于复杂结构、形状不规则的构件以及单件、非定型结构的制造，由于不采用辅助工装、变位器、胎夹具等就可以焊接，故采用焊条电弧焊优越性尤为突出。

（2）待焊接头装配要求低　由于焊接过程由手工控制，可以适时调整电弧位置和运条姿势，修正焊接参数，以保证跟踪接缝，均匀熔透，因此对焊接接头装配精度的要求可相对降低。

（3）可焊金属材料广　焊条电弧焊可广泛应用于低碳钢、低合金结构钢的焊接。选配相应的焊条，焊条电弧焊也常用于不锈钢、耐热钢、低温钢等合金结构钢的焊接，还可用于铸铁、铜合金、镍合金等材料的焊接，以及对耐磨损、耐腐蚀等特殊使用要求的构件进行表面层堆焊。

（4）使用设备简单　焊条电弧焊使用的交流和直流焊机都比较简单，焊接操作时不需要复杂的辅助设备，只需配备简单的辅助工具，因此购置设备的投资少，而且维护方便，这是焊条电弧焊得到广泛应用的原因之一。

（5）不需要辅助气体保护　焊条不但能提供填充金属，而且在焊接过程中能够产生保护熔池和焊接处的保护气体，并且具有较强的抗风能力。

（6）焊接生产率低　焊条电弧焊与其他电弧焊相比，由于其使用的焊接电流小，每焊完一根焊条后必须更换焊条，而且经常因清渣而停止焊接，故这种焊接方法的熔敷速度慢，焊接生产率低，劳动强度大。

（7）焊缝质量对人的依赖性强　虽然焊接接头的力学性能可以通过选择与母材力学性能相当的焊条来保证，但焊条电弧焊的焊缝质量在很大程度上依赖于焊工的操作技能及现场发挥，甚至焊工的精神状态也会影响焊缝质量。

3. 应用举例

焊条电弧焊经常应用在焊接结构的制造和维修中。图 4-2 所示为某纺织机械厂的主电动机支架装配图，它由底板、立板、垫板和支承槽钢四个零件组焊而成，材料采用焊接性较好的 Q235A，垫板的板厚为 5mm，是四个零件中壁最薄的地方，选择焊条时要注意这一点。技术要求中规定所有工件焊完后要求牢靠。

图 4-2 中，6 111 表示立板和底板之间的角焊缝，焊脚尺寸为 6mm；单面周围角焊缝；111 表示焊接方法为焊条电弧焊。

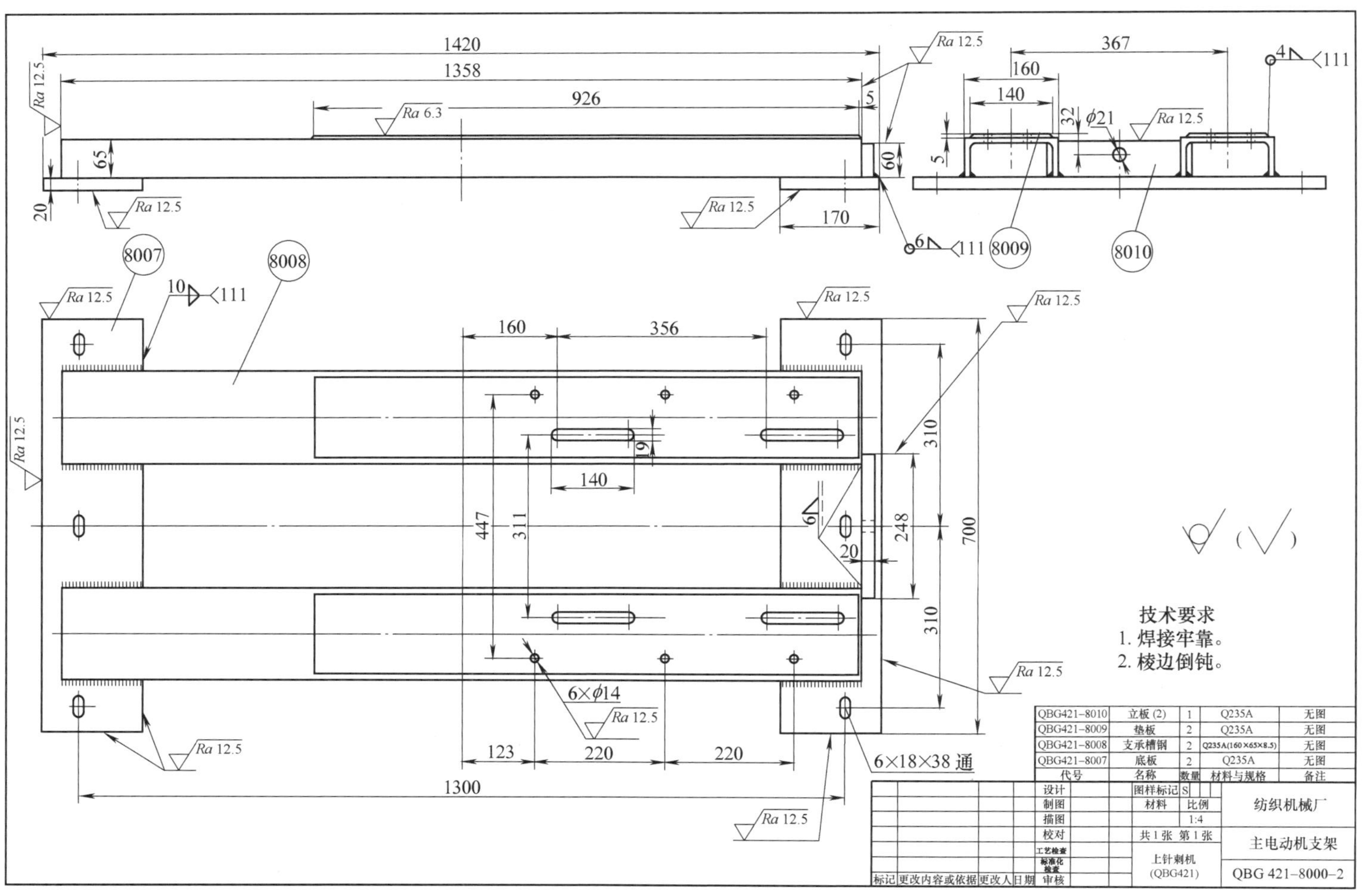

图 4-2 某纺织机械厂的主电动机支架装配图

4 111表示垫板和支承槽钢之间的连接角焊缝，焊脚尺寸为4mm；单面周围角焊缝；焊接方法为焊条电弧焊。

支承槽钢和底板之间的焊接符号为 10 111，表示对称角焊缝，焊脚尺寸为10mm，焊接方法为焊条电弧焊。

二、埋弧焊

1. 概述

埋弧焊是电弧在焊剂层下燃烧进行焊接的方法。这种方法是利用焊丝和工件之间燃烧的电弧产生热量熔化焊丝、焊剂和母材而形成焊缝的。焊丝作为填充金属，而焊剂则对焊接区起保护及合金化作用。由于焊接时电弧掩埋在焊剂层下，电弧光不外露，因此被称为埋弧焊。

埋弧焊的焊接过程如图4-3所示。焊接时电源的两极分别接在导电嘴11和工件7上，焊丝通过导电嘴与工件接触，在焊丝周围撒上焊剂，然后接通电源，则电流经过导电嘴、焊丝与工件构成焊接回路。焊接时，焊机的起动、引弧、送丝、机头（或工件）移动等过程全由焊机进行机械化控制，焊工只需按动相应的按钮即可完成焊接工作。

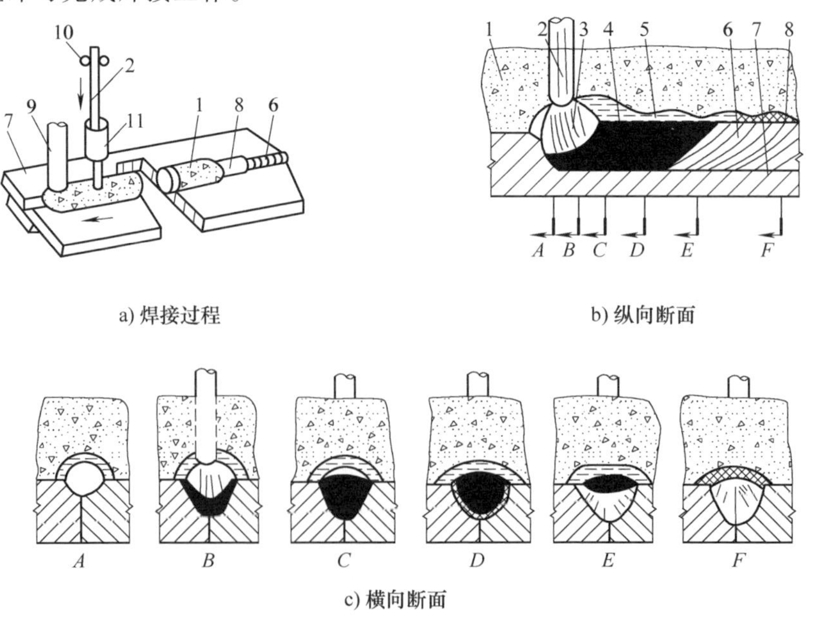

a) 焊接过程　b) 纵向断面

c) 横向断面

图4-3　埋弧焊焊接过程

1—焊剂　2—焊丝　3—电弧　4—熔池　5—熔渣　6—焊缝　7—工件
8—焊渣　9—焊剂漏斗　10—送丝滚轮　11—导电嘴

当焊丝和工件之间引燃电弧后，电弧的热量使周围的焊剂熔化形成熔渣，部分焊剂分解蒸发成气体，气体排开熔渣形成一个气泡，电弧就在这个气泡中燃烧。连续送入的焊丝在电弧高温作用下加热熔化，与熔化的母材混合形成金属熔池。熔池上覆盖着一层熔渣，熔渣外层是未熔化的焊剂，它们一起保护着熔池，使其与周围空气隔离，并使有碍操作的电弧光不能辐射出来。电弧向前移动时，电弧力将熔池中的液态金属排向后方，则熔池前方的金属就暴露在电弧的强烈辐射下而熔化，形成新的熔池，而电弧后方的熔池金属则冷却凝固成焊缝，熔渣也凝固成焊渣覆盖在焊缝表面。熔渣除了对熔池和焊缝金属起机械保护作用外，在焊接过程中还与熔化金属发生冶金反应，从而影响焊缝金属的化学成分。由于熔渣的凝固温度低于液态金属的结晶温度，熔渣总是比液态金属凝固迟一些。这就使混入熔池的熔渣、溶解在液态金属中的气体和冶金反应中产生的气体能够不断地逸出，使焊缝不易产生夹渣和气孔等缺陷。未熔化的焊剂不仅具有隔离空气、屏蔽电弧光的作用，也提高了电弧的热效率。

2. 埋弧焊的主要特点

（1）焊接生产率高　这主要是因为埋弧焊是经过导电嘴将焊接电流导入焊丝的。与焊条电弧焊相比，导电的焊丝长度短，其表面又无药皮包覆，不存在药皮成分受热分解的限制，所以允许使用比焊条电弧焊大得多的电流，使得埋弧焊的电弧功率、熔透深度及焊丝的熔化速度都相应增大。在特定条件下，可使20mm以下钢板I形坡口实现一次焊透。另外，由于焊剂和熔渣的隔热作用，电弧基本上没有热的散失，金属飞溅也小，虽然用于熔化焊剂的热量损耗较大，但总的热效率仍较焊条电弧焊大幅度增加，因此使埋弧焊的焊接速度大幅度提高，最高可达60~150m/h。而焊条电弧焊的焊接速度不超过6~8m/h。故埋弧焊与焊条电弧焊相比具有更高的生产率。

（2）焊缝质量好　这首先是因为埋弧焊时电弧及熔池均处在焊剂与熔渣的保护之中，保护效果比焊条电弧焊好。从其电弧气氛组成来看，主要成分为CO和H_2气体，是具有一定还原性的气氛，因而可使焊缝金属中的氮含量、氧含量大幅度降低。其次，焊剂的存在也使熔池金属凝固速度减缓，液态金属与熔化的焊剂之间有较多的时间进行冶金反应，减少了焊缝中产生气孔、裂纹等缺陷的可能性，使焊缝化学成分稳定，表面成形美观，力学性能好。此外，采用埋弧焊时，焊接参数可通过自动调节保持稳定，焊缝质量对焊工操作技术的依赖程度也可大幅度降低。

（3）焊接成本较低　这首先是由于埋弧焊使用的焊接电流大，可获得较大的熔深，故埋弧焊时工件可开I形坡口或开小角度坡口，因而既节约了因加工坡口而消耗掉的母材金属和加工工时，也减少了焊缝中焊丝的填充量。而且由于焊接时金属飞溅极少，又没有焊条头的损失，所以也节约了填充金属。此外，埋弧焊的热量集中，热效率高，故在单位长度焊缝上所消耗的电能也大幅度减少。正是由于上述原因，在使用埋弧焊焊接厚大工件时，可获得较好的经济效益。

（4）劳动条件好　由于埋弧焊实现了焊接过程的机械化，操作较简便，焊接过程中操作者只是监控焊机，因而减轻了焊工的劳动强度。另外，埋弧焊时电弧是在焊剂层下燃烧，没有弧光的有害影响，放出的烟尘和有害气体也较少，所以焊工的劳动条件大为改善。

（5）难以在空间位置施焊　这主要是因为埋弧焊采用颗粒状焊剂，而且埋弧焊的熔池也比焊条电弧焊的大得多，为保证焊剂、熔池金属和熔渣不流失，埋弧焊通常只适用于平焊或倾斜度不大的位置的焊接。其他位置的埋弧焊须在采用特殊措施保证焊剂能覆盖焊接区时才能进行焊接。

（6）对工件装配质量要求高　由于电弧埋在焊剂层下，操作人员不能直接观察电弧与坡口的相对位置，当工件装配质量不好时易焊偏而影响焊接质量，因此埋弧焊时工件装配必须保证接口间隙均匀，工件平整，无错边现象。

（7）不适合焊接薄板和短焊缝　这是由于埋弧焊电弧的电场强度较高，焊接电流小于 100A 时电弧稳定性不好，故不适合焊接太薄的工件。另外，埋弧焊由于受焊接小车的限制，机动灵活性差，一般只适合焊接长直焊缝或大圆弧焊缝，焊接弯曲、不规则的焊缝或短焊缝则比较困难。

埋弧焊是焊接生产中应用最广泛的工艺方法之一。由于焊接熔深大、生产效率高、机械化程度高，所以埋弧焊特别适合于中厚板长焊缝的焊接。在造船、锅炉与压力容器、化工、桥梁、起重机械、工程机械、冶金机械以及海洋结构、核电设备等制造中，埋弧焊都是主要的焊接生产手段。

随着焊接冶金技术和焊接材料的发展，埋弧焊所能焊接的材料已从碳素结构钢发展到低合金结构钢、不锈钢、耐热钢以及一些有色金属材料，如镍基合金、铜合金的焊接等。此外，埋弧焊用于抗磨损耐腐蚀材料的堆焊，也是十分理想的工艺方法。

3. 应用举例

作为高效的焊接方法，埋弧焊在工业生产中得到了一定的应用。图 4-4 所示为石油液化气罐装配图，其中采用了多种焊接方法（为了便于读者看清，图中省略了部分尺寸标注，焊接方法也只列出焊条电弧焊和埋弧焊两种）。椭圆封头 9 与筒体 12 采用焊接性较好的 Q355R，二者之间的环焊缝采用埋弧焊，因其板厚为 14mm，属中等板厚，开 Y 形坡口；另外法兰与筒体之间焊缝、人孔与筒体之间焊缝大多采用焊条电弧焊。

图 4-4 中，2 60° 2 12 表示椭圆封头与筒体之间的环焊缝，坡口角度为 60°，钝边为 2mm，间隙为 2mm，封底焊，焊接方法为埋弧焊。

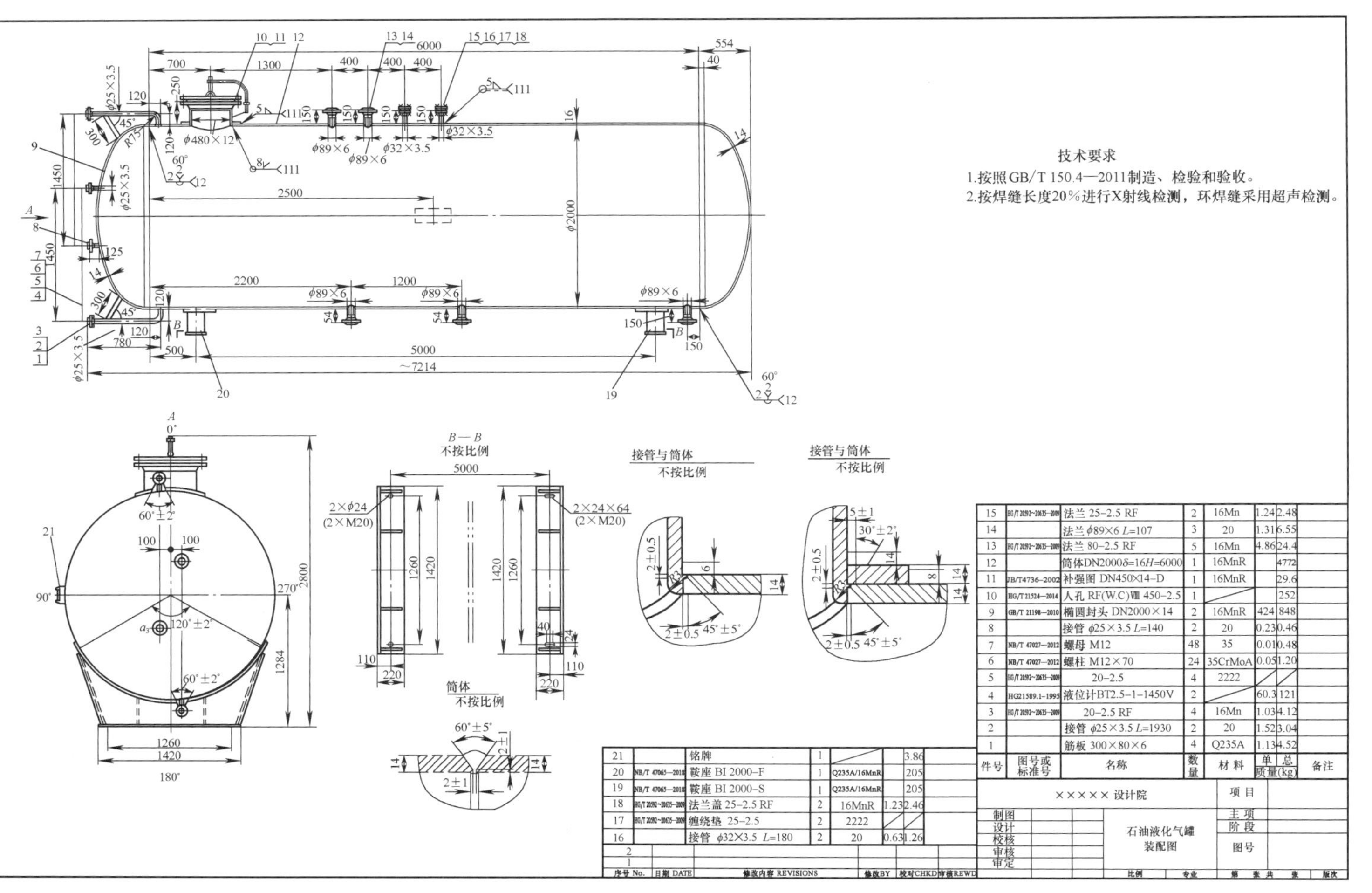

件号	图号或标准号	名称	数量	材料	单质量(kg)	总质量(kg)	备注
21		铭牌	1			3.86	
20	NB/T 47065—2018	鞍座 BI 2000–F	1	Q235A/16MnR		205	
19	NB/T 47065—2018	鞍座 BI 2000–S	1	Q235A/16MnR		205	
18	HG/T 20592~20635—2009	法兰盖 25–2.5 RF	2	16MnR	1.23	2.46	
17	HG/T 20592~20635—2009	缠绕垫 25–2.5	2	2222			
16		接管 ϕ32×3.5 L=180	2	20	0.63	1.26	
15	HG/T 20592~20635—2009	法兰 25–2.5 RF	2	16Mn	1.24	2.48	
14		法兰 ϕ89×6 L=107	3	20	1.31	6.55	
13	HG/T 20592~20635—2009	法兰 80–2.5 RF	5	16Mn	4.86	24.4	
12		筒体DN2000δ=16H=6000	1	16MnR		4772	
11	JB/T4736—2002	补强圈 DN450×14–D	1	16MnR		29.6	
10	HG/T 21524—2014	人孔 RF(W.C)Ⅷ 450–2.5	1			252	
9	GB/T 21198—2010	椭圆封头 DN2000×14	2	16MnR	424	848	
8		接管 ϕ25×3.5 L=140	2	20	0.23	0.46	
7	NB/T 47027—2012	螺母 M12	48	35	0.01	0.48	
6	NB/T 47027—2012	螺柱 M12×70	24	35CrMoA	0.05	1.20	
5	HG/T 20592~20635—2009	20–2.5	4	2222			
4	HG21589.1—1995	液位计BT2.5–1–1450V	2		60.3	121	
3	HG/T 20592~20635—2009	20–2.5 RF	4	16Mn	1.03	4.12	
2		接管 ϕ25×3.5 L=1930	2	20	1.52	3.04	
1		筋板 300×80×6	4	Q235A	1.13	4.52	

图 4-4　石油液化气罐装配图

表示人孔和筒体之间的焊缝，焊脚尺寸为 8mm，单边 V 形坡口角焊缝，焊接方法为焊条电弧焊。

表示法兰与筒体之间的焊缝，焊脚尺寸为 5mm，角焊缝。焊接方法为焊条电弧焊。

三、熔化极气体保护焊

1. 概述

熔化极气体保护焊是采用连续送进可熔化的焊丝与工件之间的电弧作为热源来熔化焊丝与母材金属，形成熔池和焊缝的焊接方法。为了得到良好的焊缝，应利用外加气体作为电弧介质并保护熔滴、熔池金属及焊接区高温金属免受周围空气的有害作用，如图 4-5 所示。

熔化极气体保护电弧焊中的每种方法都有各自不同的特点，低碳钢大多采用 CO_2 气体保护焊。采用熔化极活性混合气体保护焊（简称 MAG 焊）可以得到稳定的焊接过程和美观的焊缝，但在经济性方面却不如 CO_2 气体保护焊。脉冲 MAG 焊可以在低于临界电流的低电流区间得到稳定的喷射过渡，焊接飞溅小，焊缝成形美观。熔化极惰性气体保护焊（简称 MIG 焊）适用于焊接不锈钢和铝、铜等有色金属，而对于低碳钢来说则是一种昂贵的焊接法。脉冲 MIG 焊与脉冲 MAG 焊类似，可以在低电流区间实现稳定的喷射过渡。

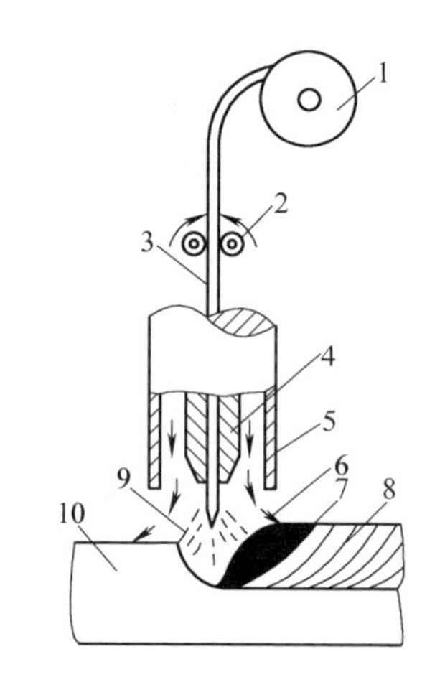

图 4-5　熔化极气体保护焊示意图

1—焊丝盘　2—送丝滚轮　3—焊丝　4—导电嘴　5—保护气体喷嘴　6—保护气体　7—熔池　8—焊缝金属　9—电弧　10—工件

短路过渡焊接法适用于全位置焊接，主要用于中、薄板的焊接，其飞溅较大，成形不好。

金属极气体保护电弧焊工艺采用连续送丝和高电流密度，所以焊丝熔敷率很高，焊接变形比较小，熔渣少且便于清理，因此该工艺是一种高效节能的焊接方法。

（1）CO_2 气体保护焊　CO_2 气体保护焊是利用 CO_2 作为保护气体的熔化极电弧焊方法。这种方法以 CO_2 气体作为保护介质，使电弧及熔池与周围空气隔离，防止空气中的氧、氮、氢对熔滴和熔池金属的有害作用，从而获得优良的机械保护性能。

CO_2 气体保护焊具有如下优点。

1）焊接生产率高。由于焊接电流密度较大，电弧热量利用率较高，而且焊后不需要清渣，因此可获得较高的生产率。CO_2 焊的生产率比普通的焊条电弧焊高 2~4 倍。

2）焊接成本低。CO_2 气体来源广，价格便宜，而且电能消耗少，故使焊接成本降低。通常 CO_2 焊的成本只有埋弧焊或焊条电弧焊的 40%~50%。

3）焊接变形小。由于电弧加热集中，工件受热面积小，而且 CO_2 气流有较强的冷却作用，所以焊接变形小，特别适合于薄板焊接。

4）焊接质量较高。对铁锈敏感性小，焊缝含氢量少，抗裂性能好。

5）适用范围广。可实现全位置焊接，并且对于薄板、中厚板，甚至厚板都能焊接。

6）操作简便。焊后不需要清渣，且是明弧，便于监控，有利于实现机械化和自动化焊接。

CO_2 气体保护焊主要用于焊接低碳钢及低合金钢等。对于不锈钢，由于焊缝金属有增碳现象，影响耐晶间腐蚀性能，所以只能用于对焊缝性能要求不高的不锈钢工件。此外，CO_2 气体保护焊还可用于耐磨零件的堆焊、铸钢件的焊补以及电铆焊等。目前 CO_2 气体保护焊已在汽车制造、机车和车辆制造、化工机械、农业机械、矿山机械等部门得到了广泛的应用。

（2）MIG 焊　MIG 焊是采用惰性气体作为保护气体，使用焊丝作为熔化电极的一种电弧焊方法。这种方法通常用氩气、氦气或它们的混合气体作为保护气体，连续送进的焊丝既作为电极又作为填充金属，在焊接过程中焊丝不断熔化并过渡到熔池中去而形成焊缝。在焊接结构生产中，特别是在高合金材料和有色金属及其合金材料的焊接生产中，MIG 焊都占有很重要的地位。其焊接原理如图 4-6 所示。

随着 MIG 焊应用的扩展，仅以 Ar 或 He 作保护气体已难以满足需要，因而发展了在惰性气体中加入少量活性气体如 O_2、CO_2 等，组成混合气体作为保护气体的方法，通常称之为熔化极活性混合气体保护焊，简称为 MAG 焊。由于 MAG 焊无论是原理、特点还是工艺，都与 MIG 焊类似，所以将其归入 MIG 焊中一起讨论。

MIG 焊通常采用惰性气体作为保护气体，与 CO_2 气体保护焊、焊条电弧焊或其他熔化极电弧焊相比，具有如下一些特点。

1）焊接质量好。由于 MIG 焊采用惰性气体作保护气体，保护效果好，焊接过程稳定，变形小，飞溅极少或根本无飞溅。焊接铝及铝合金时可采用直流反极性，具有良好的阴极破碎作用。

2）焊接生产率高。MIG 焊用焊丝作电极，可采用大的焊接电流，母材熔深大，焊丝熔化速度快，焊接大厚度铝、铜及其合金时比钨极惰性气体保护焊的生产率高。与焊条电弧焊相比，MIG 焊能够连续送丝，节省材料加工工时，且焊缝不需要清渣，因而生产效率更高。

3）适用范围广。由于 MIG 焊采用惰性气体作保护气体，不与熔池金属发生反应，保护效果好，几乎所有的金属材料都可以焊接，因此适用范围广泛。但由于惰性气体生产成本高，价格贵，所以目前熔化极惰性气体保护焊主要用于有色金属及其合金的焊接，以及不锈钢等合金钢的焊接。

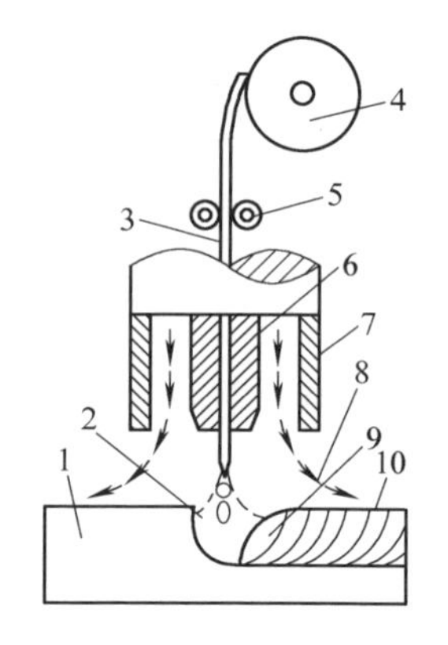

图 4-6　MIG 焊的原理示意图

1—工件　2—电弧　3—焊丝　4—焊丝盘　5—送丝滚轮　6—导电嘴　7—保护气体喷嘴　8—保护气体　9—熔池　10—焊缝金属

MIG 焊的缺点在于无脱氧去氢作用，因此对母材及焊丝上的油、锈很敏感，易形成缺陷，所以 MIG 焊对焊接材料表面清理要求特别严格。另外，MIG 焊抗风能力差，不适于野外焊接，而且焊接设备也较复杂。

MIG 焊适合于焊接低碳钢、低合金钢、耐热钢、不锈钢、有色金属及其合金。低熔点或低沸点金属材料，如铅、锡、锌等，不宜采用 MIC 焊。目前，中等厚度、大厚度铝及铝合金板材已广泛采用 MIC 焊，所焊的最薄厚度约为 1mm，大厚度基本不受限制。MIG 焊可分为半自动和自动两种。自动 MIG 焊适用于较规则的纵缝、环缝及水平位置的焊接；半自动 MIG 焊大多用于定位焊、短焊缝、断续焊缝以及铝容器中的封头、管接头、加强圈等的焊接。

2. 应用举例

图 4-7 所示为某起重机厂运输架结构图（为了便于读者看清，图中省略了部分尺寸标注）。构件由角钢和筋板等组焊而成，所用材质为 Q235B，采用高效、低成本的 CO_2 气体保护焊焊接立板和平板焊缝，其余采用焊条电弧焊。

图 4-7 中，8/135 ⊏ 5 表示 1 号角钢和最左侧 3 号角钢之间的角焊缝；焊脚尺寸为 5mm，三面焊；尾注中 8 代表共有八处这样的焊缝，135 代表焊接方法为 CO_2 气体保护焊。

4/135 ⊏ 5 表示 4 号角钢和后面竖立的 3 号角钢之间的焊缝，焊脚尺寸为 5mm，三面角焊缝，焊接方法为 CO_2 气体保护焊，共有四处。

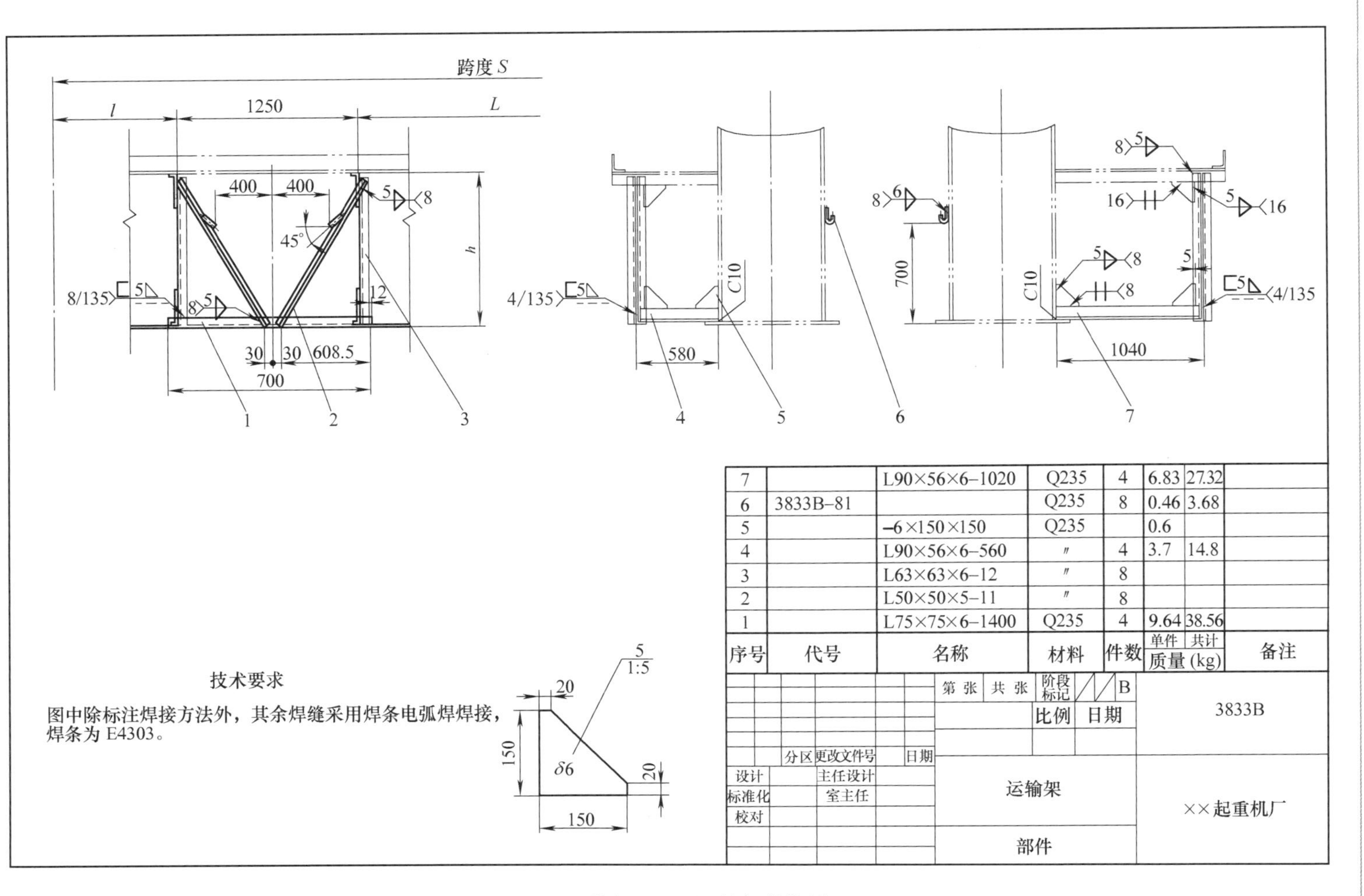

7		L90×56×6–1020	Q235	4	6.83	27.32	
6	3833B–81		Q235	8	0.46	3.68	
5		–6×150×150	Q235		0.6		
4		L90×56×6–560	〃	4	3.7	14.8	
3		L63×63×6–12	〃	8			
2		L50×50×5–11	〃	8			
1		L75×75×6–1400	Q235	4	9.64	38.56	
序号	代号	名称	材料	件数	单件 质量 (kg)	共计 质量 (kg)	备注

分区	更改文件号	日期	第 张	共 张	阶段标记			B	3833B
设计	主任设计			比例	日期				
标准化	室主任		运输架						××起重机厂
校对			部件						

技术要求

图中除标注焊接方法外，其余焊缝采用焊条电弧焊焊接，焊条为 E4303。

图 4-7　某起重机厂运输架结构图

5 4/135 表示7号角钢和前面竖立的3号角钢之间的焊缝，焊脚尺寸为5mm，三面角焊缝，焊接方法为CO_2气体保护焊，共有四处。

5 16 表示筋板和前面竖立的3号角钢之间的焊缝，对称的角焊缝，焊脚尺寸为5mm，共有16处，根据第三章中焊缝符号的简化规则，此处焊条电弧焊代号可以省略。

四、非熔化极惰性气体保护焊

1. 概述

非熔化极惰性气体保护焊是以高熔点的纯钨或钨合金作为电极，用惰性气体作为保护气体，依靠钨极和工件之间产生的电弧热熔化母材和填充焊丝（也可以不加填充焊丝）形成焊缝的焊接方法，又称为钨极惰性气体保护焊，用氩气作为保护气体时称为钨极氩弧焊，简称为TIG焊。

钨极氩弧焊的焊接过程如图4-8所示，氩气从喷嘴中喷出，在焊接区形成一个厚而密的气体保护层，在氩气层流的包围之中，电弧在钨极和工件之间燃烧，熔化金属形成熔池，实现焊接。

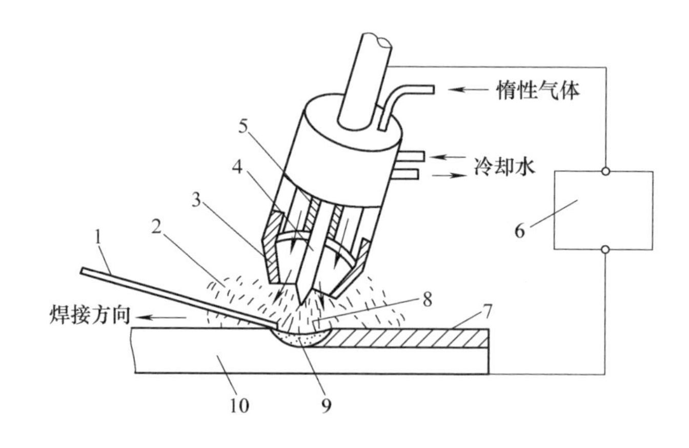

图4-8　钨极氩弧焊示意图

1—焊丝　2—保护气体　3—喷嘴　4—钨极　5—钨极夹头
6—焊接电源　7—焊缝　8—电弧　9—熔池　10—工件

由于氩气是一种惰性气体，高温时不与金属起化学反应，也不溶于液态金属，可避免焊接过程中合金元素的烧损以及由此带来的其他焊接缺陷。TIG焊主要用于焊接铝、镁、铜、钛及其合金和不锈钢。在焊接厚板及高热导率或高熔点金属时，也可采用氦气或氦氩混合气体作保护气体。在焊接不锈钢、镍基合金和镍铜合金时可采用氩-氢混合气体作保护气体。

2. TIG 焊的主要特点

（1）焊接质量好　电极不熔化，焊接过程稳定，容易得到高质量的焊缝。

（2）可焊材料种类广　氩气能有效隔绝焊接区域周围的空气，它本身又不溶于金属，不和金属反应，而且 TIG 焊过程中电弧还有自动清除母材表面氧化膜的作用，因此 TIG 焊可成功地焊接其他焊接方法不易焊接的易氧化、氮化、化学活泼性强的有色金属、不锈钢和各种合金等。

（3）能进行全位置焊接　TIG 焊的钨极电弧稳定，即使在很小的焊接电流下也能稳定燃烧；不会产生飞溅，焊缝成形美观；热源和焊丝可分别控制，因而热输入容易调节，特别适用于薄板、超薄件的焊接；可进行各种位置的焊接，易于实现机械化和自动化焊接。

（4）效率较低　钨极承载电流能力较差，过大的电流会引起钨极熔化和蒸发，其颗粒可能进入熔池，造成夹钨。因而 TIG 焊使用的电流小，焊缝熔深浅，熔敷速度小，生产率低。

（5）生产成本高　由于惰性气体较贵，与其他焊接方法相比，TIG 焊生产成本高，故主要用于要求较高的产品的焊接。

3. 应用举例

图 4-9 所示为搅拌器装配图（为了便于读者看清，图中省略了部分尺寸标注）。搅拌器由上下筒体封头、筒体、耳座和法兰等 42 个零件组焊而成，主体部分所用材质为焊接性较好的奥氏体不锈钢，牌号为 06Cr19Ni10，最小板厚 6mm，基于以上条件，焊接方法主要采用 TIG 焊。

在图 4-9 中，60° 1 141 表示接管 17 和上封头 16 之间的焊缝，开 V 形坡口，坡口角度 60°，间隙为 1mm，周围焊缝；141 代表焊接方法为 TIG 焊。

4 141 表示接管 42 和夹套封头 3 之间的焊缝，焊脚尺寸为 4mm，周围单面角焊缝；▶表示工地现场施焊，141 代表焊接方法为 TIG 焊。

4 141 表示法兰 12 与筒体 6 及上封头 16 之间的焊缝，焊脚尺寸为 4mm，双面角焊缝；141 代表焊接方法为 TIG 焊。

5 135 表示耳座 7 与夹套 5 之间的焊缝，焊脚尺寸为 5mm，双面角焊缝；135 代表焊接方法为 CO_2 焊。

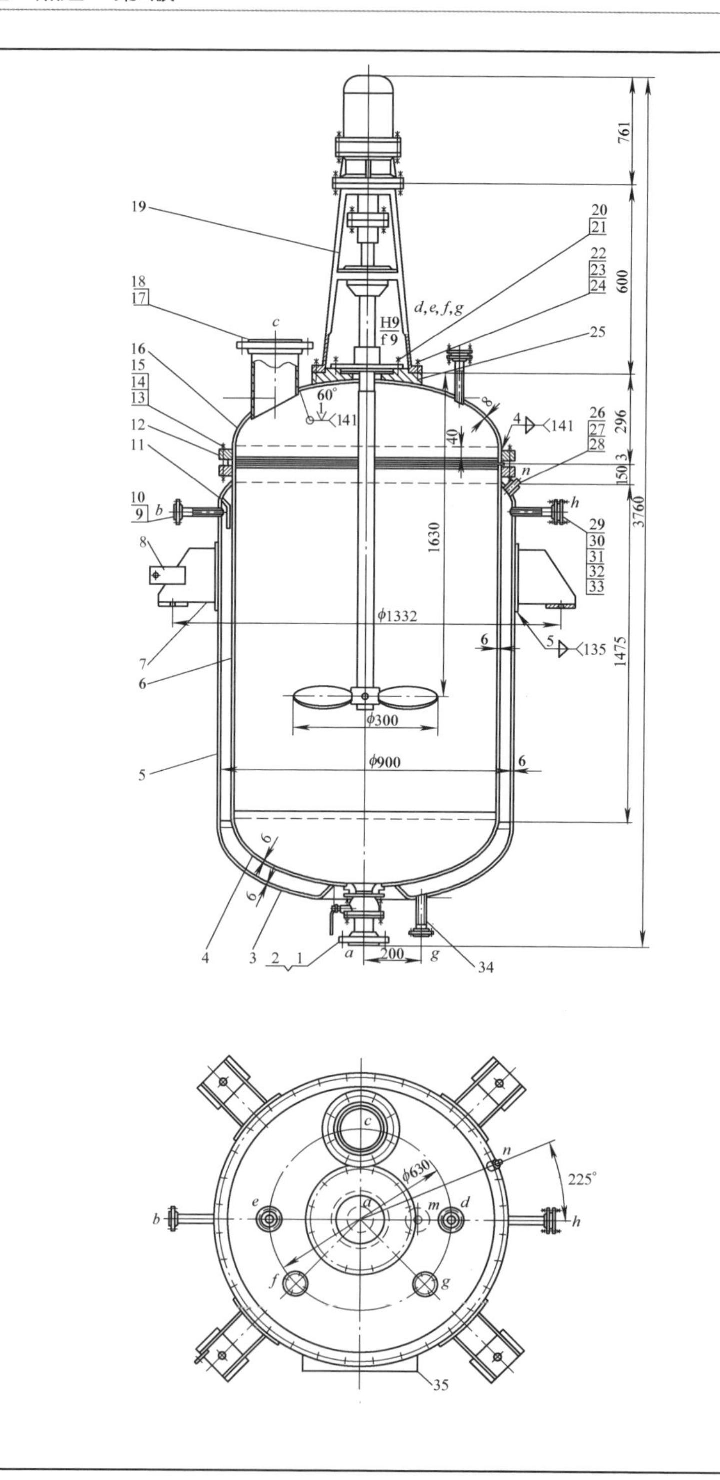

图 4-9　搅拌

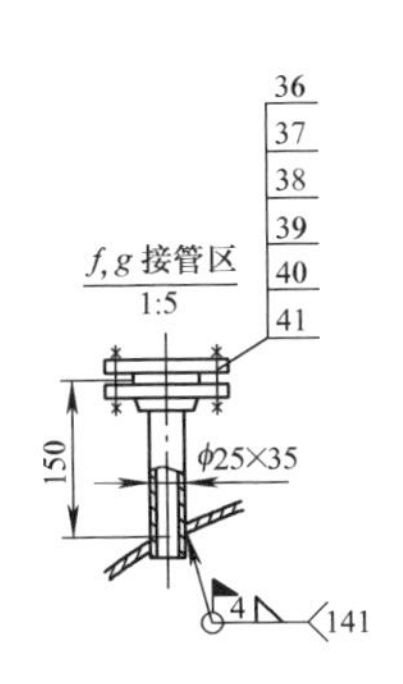

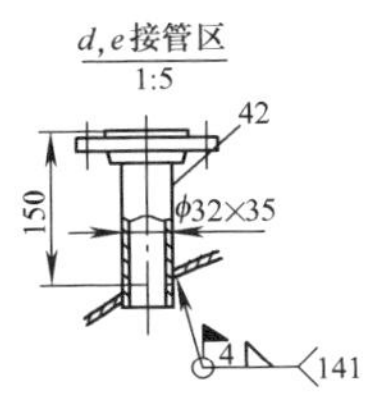

42		接管φ32×3.5L=165	2	06Cr19Ni10	0.4	0.8	
41	GB/T 6170—2015	螺母M10	8	8级	0.008	0.06	
40	GB/T 5782—2016	螺栓M10×45	8	8.8级	0.03	0.24	
39	HG/T 20592～20635—2009	垫片RF20-0.8	2	石棉橡板	—	—	
38	HG/T 20592～20635—2009	法兰盖20-0.6RF	2	06Cr19Ni10	0.66	1.32	
37	HG/T 20592～20635—2009	法兰20-0.6RF	2	06Cr19Ni10	0.66	1.32	
36		接管φ25×3.5L=160	2	06Cr19Ni10	0.29	0.58	
35	J4-××××-3	铭牌	1	—		4.6	
34		接管φ32×3.5L=157	1	20		0.4	
33	HG/T 20592～20635—2009	垫片RF20-1.0	1	石棉橡板		—	
32	GB/T 5782—2016	螺栓M12×50	4	8.8级	0.047	0.19	
31	HG/T 20592～20635—2009	法兰盖20-1.0RF	1	Q245R		1.01	
30	HG/T 20592～20635—2009	法兰20-1.0RF	1	20		1.03	
29		接管φ25×3.5L=153	1	20		0.28	
28		垫片φ30/φ16 δ=2	1	石棉橡板		—	
27	J4-××××-2	螺塞M16×1.6	1	20		0.05	
26	J4-××××-2	凸缘M16×1.6	1	20		0.15	
25	J4-××××-2	凸缘	1	06Cr19Ni10		17.2	
24	GB/T 93—1987	垫圈12	12	65Mn		—	
23	GB/T 6170—2015	螺母M12	16	8级	0.012	0.19	
22	GB/T 898—1988	螺柱M12×45	12	8.8级	0.04	0.48	
21		垫片φ30/φ16 δ=2	1	石棉橡板		—	
20	GB/T 898—1988	螺柱M16×50	8	8.8级	0.09	0.72	
19		搅拌装置	1	—		314	外购
18	HG/T 20592～20635—2009	法兰150-0.6RF	1	06Cr19Ni10		6.4	
17		接管φ159×7L=255	1	06Cr19Ni10		6.69	
16	GB/T 25198—2010	筒体上封头DN900×8	1	06Cr19Ni10		61.6	直边高度h=40
15	NB/T 47021—2012	垫片900-0.25	1	石棉橡板		—	
14	GB/T 6170—2015	螺母M16	72	8	0.029	2.09	
13	GB/T 901—1988	螺柱M16×140	36	35	0.183	6.59	
12	NB/T 47021—2012	法兰C-PI 900-0.25	2	Q245R	54.7	109.4	06Cr19Ni10 5.4kg
11		挡板145×80 δ=6	1	Q245R		0.48	
10	HG/T 20592～20635—2009	法兰25-1.0RF	2	20	1.24	2.48	
9		接管φ32×3.5L=153	1	20		0.38	
8	J4-××××-2	静电接地板	1	06Cr19Ni10		0.3	
7	NB/T 47065.3—2018	耳式支座B3-Ⅰ	4	Q235B/S30408	8.3	33.2	
6		筒体DN900 δ=8 H=1588	1	06Cr19Ni10		286	
5		夹套DN1000×6	1	Q245R		222	H=1495
4	GB/T 25198—2010	筒体下封头DN900×8	1	06Cr19Ni10		58.9	
3	GB/T 25198—2010	夹套封头DN1000×6	1	Q245R		53.8	
2	HG/T 20592～20635—2009	法兰80-0.6RF	1	06Cr19Ni10		3.32	
1		接管φ89×6L=201	1	06Cr19Ni10		2.47	
件号	图号或标准号	名称	数量	材料	单项	总计	备注
					重量/kg		

×××××设计院			项目	
制图		×××搅拌器装配图	主项	
设计			阶段	
校核			号	
审核				
审定				
		比例	专业	第　张　共　张	版次

2					
1					
序号	日期	修改内容	修改	校对	审核

器装配图

第三节　其他焊接方法

一、气焊

1. 概述

气焊是利用可燃气体和氧气通过焊枪按一定的比例混合，获得所要求的火焰能率和性质的火焰作为热源，熔化被焊金属和填充金属，使其形成牢固的焊接接头。常用氧气和乙炔混合燃烧的火焰进行焊接，故又称为氧乙炔焊。

气焊时，先将焊接处金属加热到熔化状态形成熔池，并不断地熔化焊丝向熔池中填充，气体火焰覆盖在熔化金属的表面上起保护作用，随着焊接过程的进行，熔化金属冷却形成焊缝。气焊过程如图 4-10 所示。

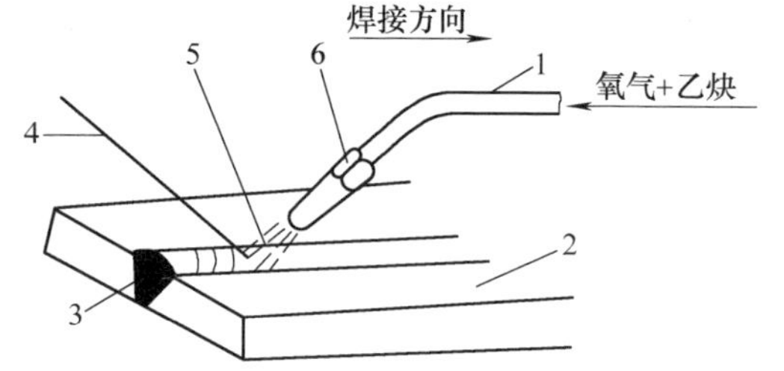

图 4-10　气焊过程示意图

1—混合气管　2—工件　3—焊缝　4—焊丝　5—气焊火焰　6—焊嘴

2. 气焊的特点及应用

气焊的优点：设备简单，操作方便，成本低，适应性强，在无电力供应的地方可方便焊接；可以焊接薄板、小直径薄壁管；焊接铸铁、有色金属、低熔点金属及硬质合金时质量较好。

气焊的缺点：火焰温度低，加热分散，热影响区宽，工件变形大，过热严重，接头质量不如焊条电弧焊容易保证；生产率低，不易焊较厚的金属；难以实现自动化。

基于以上特点，气焊目前在工业生产中主要用于焊接薄板、小直径薄壁管及铸铁、有色金属、低熔点金属及硬质合金等材料。此外，气焊火焰还可用于钎焊、喷焊和火焰矫正等。

3. 应用举例

图 4-11 所示为管座焊接结构图。管座由底板和立管两部分组焊而成，所用材质为 Q235A，焊接方法采用气焊。

在图 4-11 中，311 2 表示底板和立管之间的外侧焊缝，焊脚尺寸为 2mm，周围单面角焊缝；311 代表焊接方法为氧乙炔焊。

1 311表示底板和立管之间的内侧焊缝，焊脚尺寸为 1mm，周围单面角焊缝；311 代表焊接方法为氧乙炔焊。

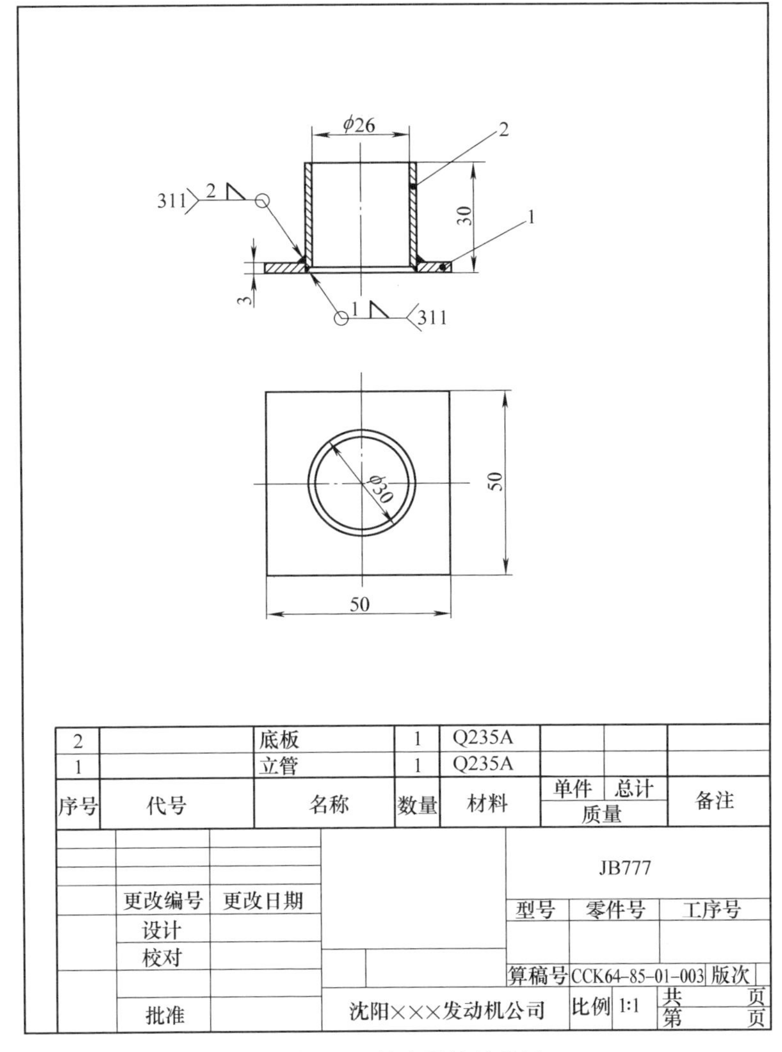

图 4-11　管座焊接结构图

二、等离子弧焊

1. 概述

等离子弧是利用等离子枪将阴极（如钨极）和阳极之间的自由电弧压缩成高温、高电离、高能量密度及高焰流速度的电弧。利用等离子弧来进行切割与焊接的工艺方法称为等离子弧切割和焊接。它不仅能切割和焊接常用工艺方法所能加工的材料，而且还能切割或焊接一般工艺方法所难于加工的材料，因而它在焊接与切割领域中是一门较有发展前途的先进工艺。

一般的焊接电弧未受到外界的压缩，称为自由电弧。自由电弧中的气体电离是不充分的，能量不能高度集中，并且弧柱直径随着功率的增加而增加，因而弧柱中的电流密度近乎为常数，其温度也就被限制在5730~7730℃。如果对自由电弧的弧柱采取压缩措施，强迫其“压缩”，就能获得导电截面收缩得比较小而能量更加集中，弧柱中的气体几乎达到全部电离状态的电弧——等离子弧。

目前广泛采用的压缩电弧的方法是将钨极缩入喷嘴内部，并在水冷喷嘴中通以一定压力和流量的离子气，强迫电弧通过喷嘴孔道，以形成高温、高能量密度的等离子弧。等离子弧的形成如图4-12所示（等离子弧切割无保护气和保护罩），此时电弧受到如下三种压缩作用。

（1）机械压缩作用　当把一个用水冷却的铜制喷嘴放置在其通道上，强迫这个“自由电弧”从细小的喷嘴孔中通过时，弧柱直径受到小孔直径的机械约束不能自由扩大，而使电弧截面受到压缩。这种作用称为“机械压缩效应”。

（2）热收缩作用　电弧通过水冷却的喷嘴，同时又受到外部不断送来的高速冷却气流（氮气、氩气等）的冷却作用，这样弧柱外围受到强烈冷却，使其外围的电离度大大减弱，电弧电流只能从弧柱中心通过，电弧弧柱进一步被压缩。这种作用称为“热收缩效应”。

（3）磁收缩作用　带电粒子在弧柱内的运动，可看成是电流在一束平行的“导线”内移动，由于这些“导线”自身磁场所产生的电磁力，使这些“导线”相互吸引，从而产生磁收缩效应。由于前述两种效应使电弧中心的电流密度已经很高，使得磁收缩作用明显增强，从而使电弧更进一步压缩。

电弧在以上三种压缩作用下，弧柱截面很细，温度极高，弧柱内气体也被高度电离，从而形成稳定的等离子弧。

等离子弧焊接是借助水冷喷嘴对电弧的拘束作用，获得较高能量密度的等离子弧进行焊接的一种方法。它利用特殊构造的等离子焊枪所产生的高温等离子弧，并在保护气体的保护下，来熔化金属进行焊接，如图4-13所示。它几乎可以焊接电弧焊所能焊接的所有材料，还可焊接多种难熔金属及特种金属材料，并具有很多优越性。在极薄金属焊接方面，它解决了氩弧焊所不能胜任的材料的焊接问题。按焊缝成形原理不同，等离子弧焊有穿孔型等离子弧焊、熔透型等离子弧焊和微束等离子弧焊三种基本方法。

2. 等离子弧焊的特点

等离子弧焊与钨极氩弧焊相比有下列特点。

1）由于等离子弧的温度高，能量密度大（即能量集中），熔透能力强，对于8mm或更厚的金属可不开坡口，不加填充金属直接施焊，可用比钨极氩弧焊高得多的焊接速度施焊。这不仅提高了焊接生产率，而且可减小熔宽，增大焊缝

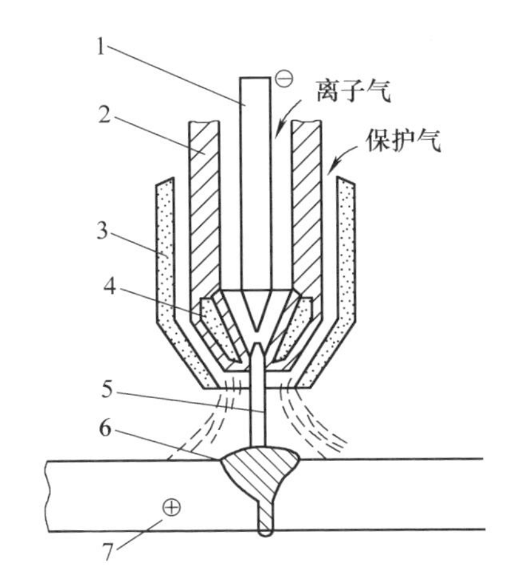

图 4-12　等离子弧的形成

1—钨极　2—水冷喷嘴　3—保护罩　4—冷却水
5—等离子弧　6—焊缝　7—工件（母材）

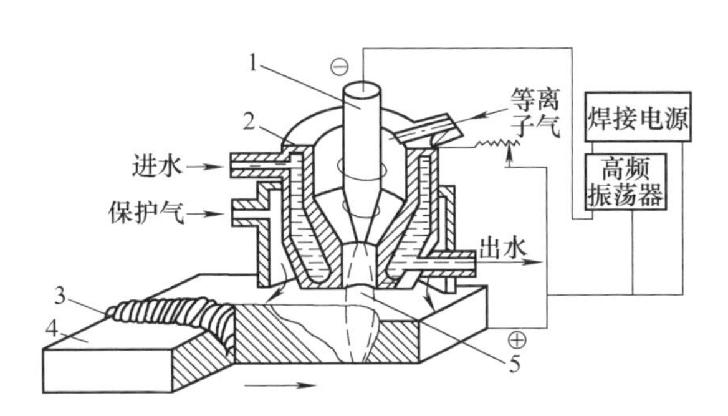

图 4-13　等离子弧焊接示意图

1—钨极　2—喷嘴　3—焊缝
4—工件　5—等离子弧

厚度，因而可减小热影响区宽度和焊接变形。

2）由于等离子弧的形态近似于圆柱形，挺直性好，几乎在整个弧长上都具有高温，因此当弧长发生波动时，熔池表面的加热面积变化不大，对焊缝成形的影响较小，容易得到成形均匀的焊缝。

3）由于等离子弧的稳定性好，特别是采用联合型等离子弧时，使用很小（大于 0.1A）的焊接电流，也能保持稳定的焊接过程，因此可焊超薄的工件。

4）由于钨极是内缩在喷嘴里面的，焊接时不会与工件接触，因此不仅可减少钨极损耗，还可防止焊缝金属产生夹钨等缺陷。

3. 应用举例

在石油和锅炉工业中使用的管路，可以采用等离子弧焊。如图 4-14 所示的对接钢管，管 1 和管 2 的材质均为 06Cr18Ni11Ti 不锈钢，壁厚 1.0mm，采用等离子弧焊，可实现单面焊接双面成形。

在图 4-14 中，15>——||——/ 表示左管和右管之间的环焊缝采用对接等离子弧焊。

三、电阻焊

1. 概述

电阻焊是压焊中应用最广的一种焊接方法。它与熔焊不同，熔焊是利用外加热源使连接处熔化、凝固结晶形成焊缝的，而电阻焊则是利用本身的电阻热及大量塑性变形能量而形成焊缝和接头。电阻焊已在航空、汽车、自行车、地铁车

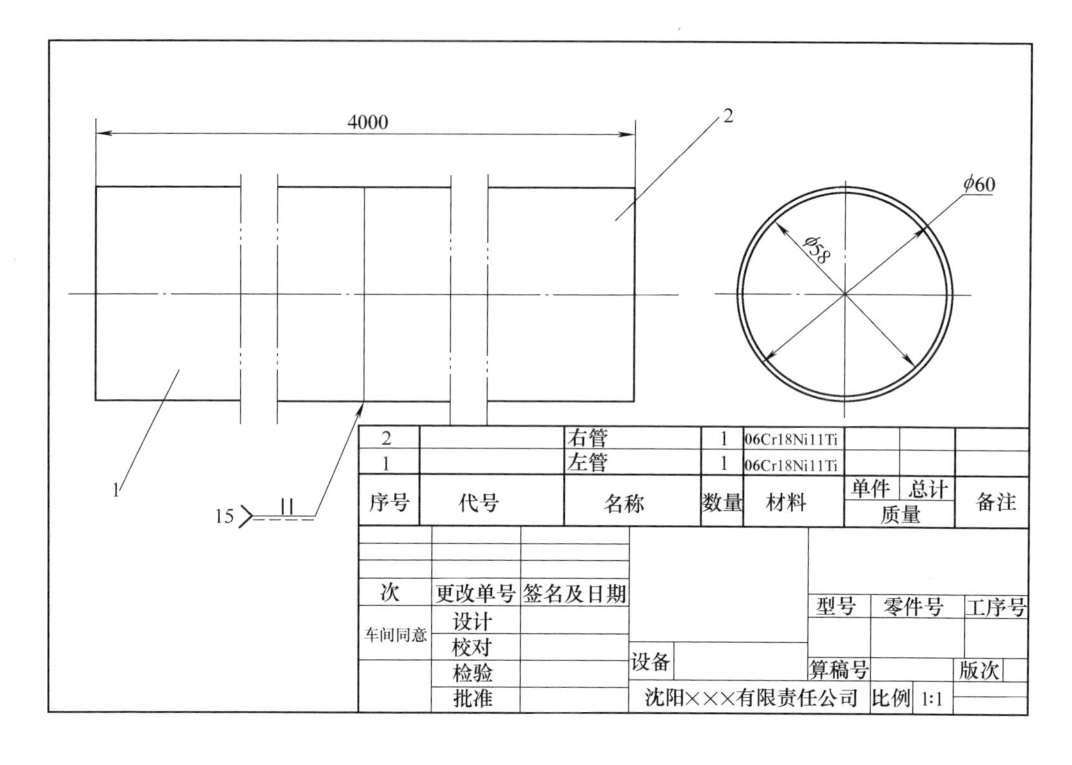

图 4-14　对接钢管结构图

辆、建筑行业、量具、刃具及无线电器件等工业生产中得到了广泛的应用。

电阻焊是工件组合后通过电极施加压力，利用电流通过接头的接触面及邻近区域产生的电阻热进行焊接的方法。采用电阻焊时，产生电阻热的电阻有工件之间的接触电阻、电极与工件的接触电阻和工件本身电阻三部分，点焊时电阻分布如图 4-15 所示。

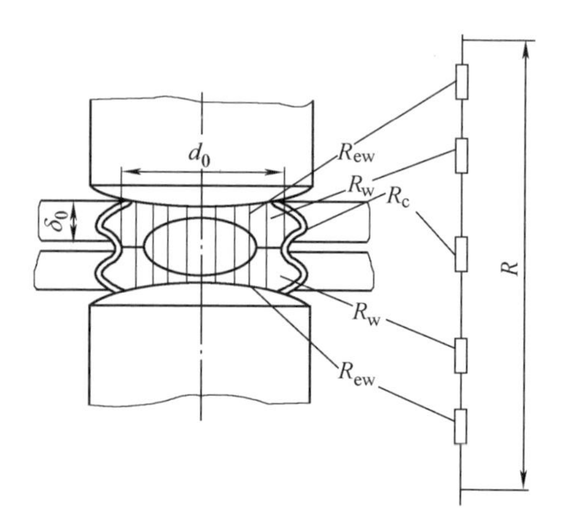

图 4-15　点焊时电阻分布示意图

R_{ew}—电极与工件接触电阻　R_w—工件本身电阻　R_c—工件之间的接触电阻

2. 电阻焊的特点

1）由于是内部热源，热量集中，加热时间短，在焊点形成过程中始终被塑性环包围，故电阻焊冶金过程简单，热影响区小，变形小，易于获得较好质量的焊接接头。

2）电阻焊焊接速度快，特别是点

焊，甚至 1s 可焊接 4~5 个焊点，故生产率高。

3）除消耗电能外，电阻焊不消耗焊条、焊丝、乙炔和焊剂等，可节省材料，因此成本较低。

4）操作简便，易于实现机械化和自动化。

5）劳动条件得到改善，电阻焊所产生的烟尘、有害气体少。

6）由于焊接在短时间内完成，需要用大电流及高电极压力，因此焊机容量大，设备成本较高，维修较困难，而且常用的大功率单相交流焊机不利于电网的正常运行。

7）电阻焊机大多工作固定，不如焊条电弧焊等灵活、方便。

8）点、缝焊的搭接接头不仅增加了构件的质量，而且因为在两板间熔核周围形成尖角，致使接头的抗拉强度和疲劳强度降低。

9）目前尚缺乏简单而又可靠的无损检验方法，焊接质量只能靠工艺试样和破坏性试验来检查，依靠各种监控技术来保证。

电阻焊可分为对焊、缝焊、凸焊和点焊四种，其中电阻点焊、闪光对焊和高频缝焊的应用较广，主要用于薄板搭接、杆件和管件的对接等，广泛应用于汽车、拖拉机、飞机和仪表制造等工业部门中。

3. 应用举例

（1）电阻点焊　图 4-16 所示为某起重机厂防护网的焊接结构图。防护网采

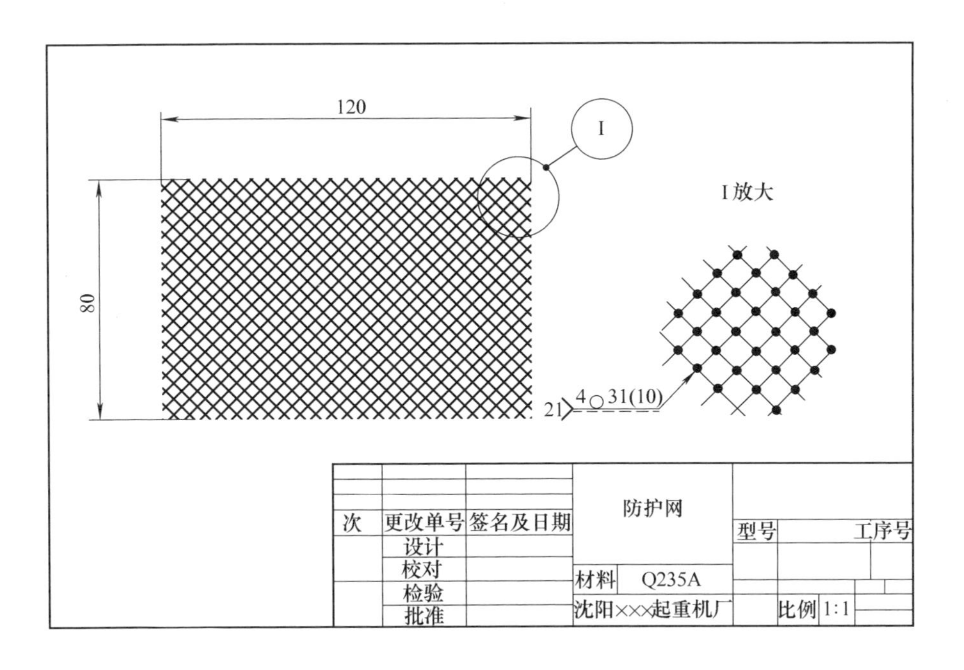

图 4-16　某起重机厂防护网的焊接结构图

用直径为 6mm 的钢筋点焊而成。材料采用塑性较好的 Q235A，适于电阻焊。

在图 4-16 中，21 4 ○ 31(10) 表示钢筋之间的点焊缝，焊点直径为 4mm，有 31 个焊点，焊点间距为 10mm；21 表示焊接方法是电阻点焊。

（2）缝焊　图 4-17 所示为汽车油箱的焊接结构图。油箱由箱底和箱盖两部分组焊而成，材料采用 08 钢，板厚 2. 0mm，焊缝为周围焊缝。油箱要求密封，焊接方法选电阻缝焊。

在图 4-17 中，22 ⊖ 表示箱底和箱盖之间的焊缝是电阻缝焊。

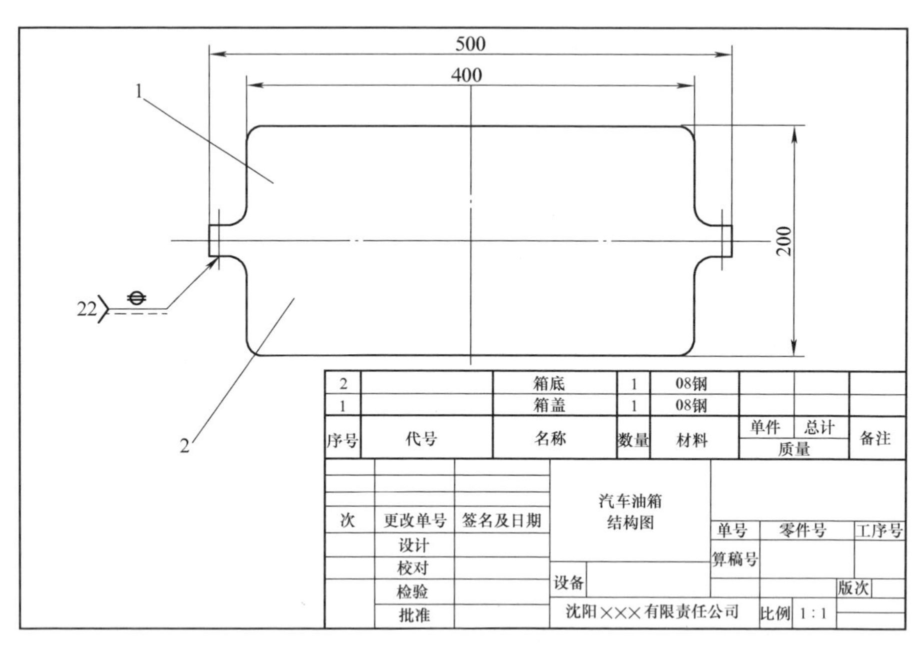

图 4-17　汽车油箱的焊接结构图

四、钎焊

1. 概述

钎焊是采用比母材熔点低的金属材料作为钎料，将母材和钎料加热到高于钎料熔点，但低于母材熔点的温度，利用液态钎料润湿母材，填充接头间隙并与母材相互扩散实现连接的方法，其过程如图 4-18 所示。

2. 钎焊的分类

1）按钎料熔点的不同，钎焊可分为软钎焊和硬钎焊。所采用的钎料的熔点（或液相线）低于 450℃，称为软钎焊；高于 450℃的，称为硬钎焊。

2）按热源种类和加热方式的不同，钎焊可分为火焰钎焊、炉中钎焊、感应

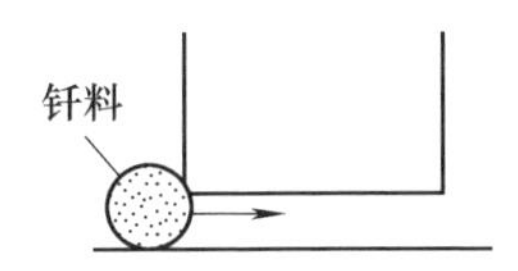

a) 在接头处安置钎料，并对焊件和钎料进行加热

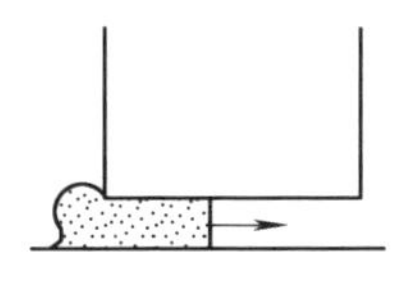

b) 钎料熔化并开始流入钎缝间隙

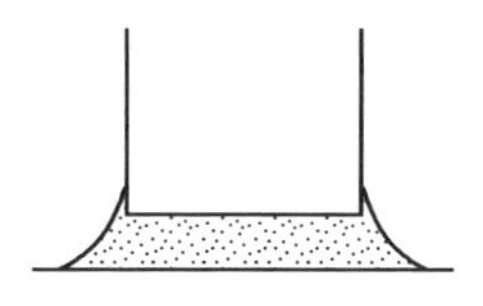

c) 钎料填满整个纤缝间隙，凝固后形成纤焊接头

图 4-18　钎焊过程示意图

钎焊、电阻钎焊、电弧钎焊、激光钎焊、气相钎焊和烙铁钎焊等。最简单、最常用的是火焰钎焊和烙铁钎焊。火焰钎焊如图 4-19 所示。

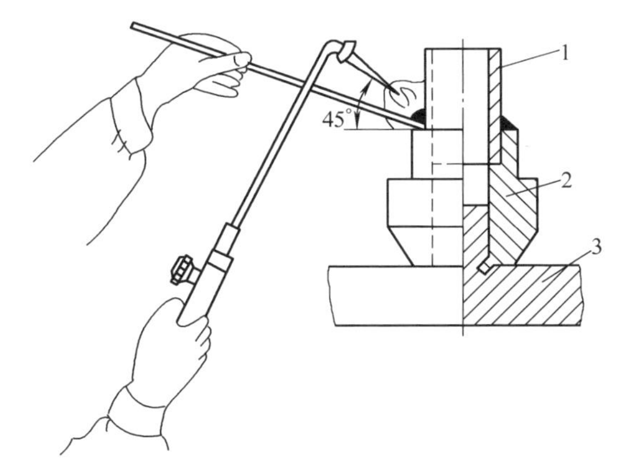

图 4-19　火焰钎焊

1—导管　2—套接接头　3—工作平台

3. 钎焊特点

与熔焊相比，钎焊具有如下特点。

1）钎焊时加热温度低于母材金属的熔点，钎料熔化而母材不熔化，母材金属的组织和性能变化较少；钎焊后，焊件的应力与变形较少，可以用于焊接尺寸精度要求较高的焊件。

2）某些钎焊可以一次焊几条、几十条钎缝，甚至更多，所以生产率高，如自行车车架的焊接等。钎焊还可以焊接其他方法无法焊接的结构和形状复杂的工件。

3）钎焊不仅可以焊接同种金属，也适宜焊接异种金属，甚至可以焊接金属与非金属，如核反应堆中的金属与石墨的钎焊等，因此应用范围很广。

4）钎焊接头的强度和耐热能力较母材金属低，装配要求比熔焊高，以搭接接头为主，使结构质量增加。

4. 应用举例

图 4-20 所示为某矿山机械厂掘进机截齿的焊接结构图。结构由高速钢和硬

质合金组焊而成，材料分别采用 W18Cr4V 和 YG11C，材质不同，可充分发挥钎焊的长处。

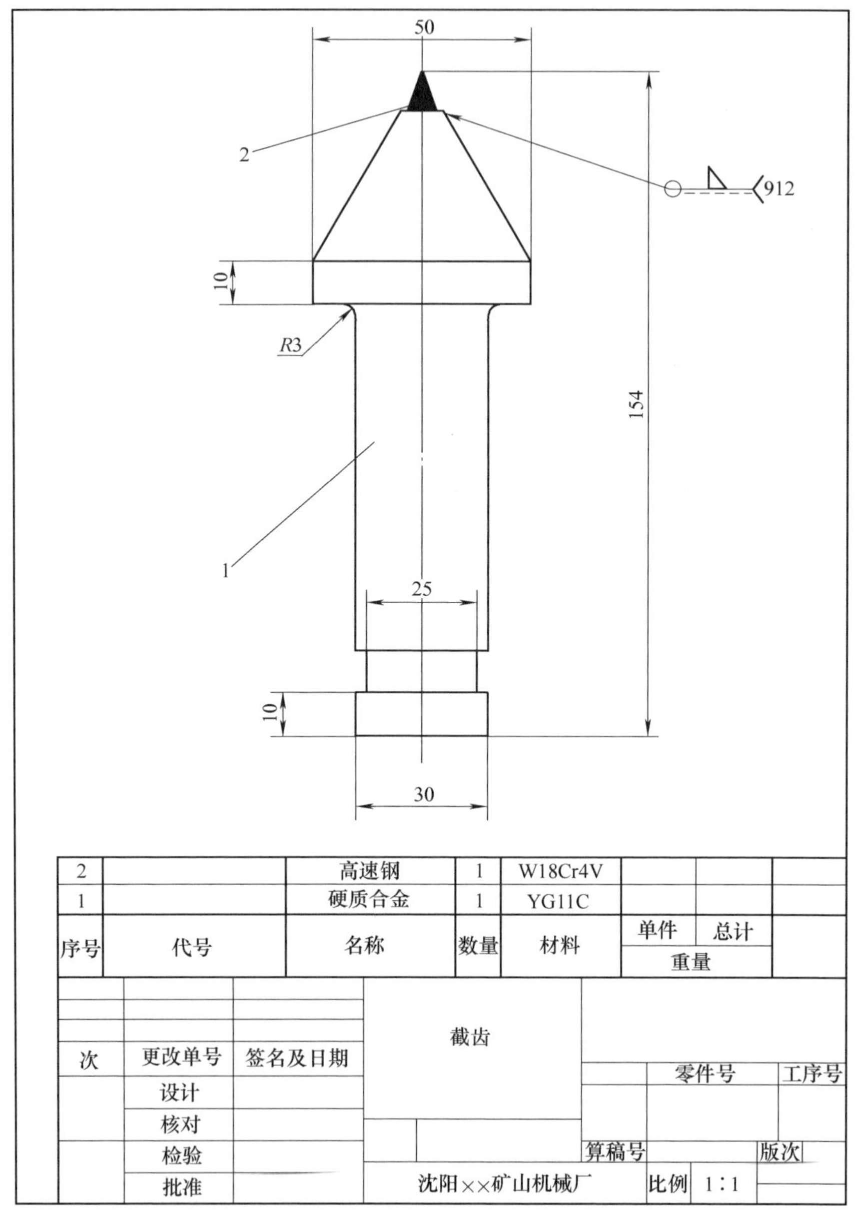

图 4-20　掘进机截齿的焊接结构图

在图 4-20 中，912表示硬质合金是采用钎焊的方法镶嵌到高速钢基体中，周围为角焊缝；912 表示火焰硬钎焊。

焊接工艺评定及焊接工艺规程

第一节　焊接工艺评定

保证焊接质量依靠五大控制环节——人、机、料、法、环。其中，“人”指焊工的操作技能和经验，“机”指焊接设备的高性能和稳定性，“料”指焊接材料的高质量，“法”指正确的焊接工艺规程及标准化作业，“环”指良好的焊接作业环境。

焊前依据焊接试验和焊接工艺评定制订的焊接工艺规程是“法规”，是保证焊接质量的重要因素。

焊接工艺评定是保证产品焊接质量的重要措施，有关焊接工艺评定的规范和国家标准，规定了焊接工艺评定的内容和方法。通过焊接工艺评定，可以验证施焊单位拟订的焊接工艺的正确性，并评定施焊单位的生产加工能力。同时，焊接工艺评定也为制订正式的焊接工艺规程提供可靠的依据。

一、焊接工艺评定的目的

焊接工艺评定是通过对焊接接头的力学性能或其他理化性能的检测，来证实焊接工艺规程的正确性和合理性的一种质量控制程序。每个焊接结构生产企业都应按国家有关标准或国际通用的法规，自行组织并完成焊接工艺评定工作。

焊接工艺评定是企业质量保证体系和产品质量计划中最重要的工作之一，同时也是焊接工艺管理中很重要的一个环节。

在大型和重要焊接结构的生产中，焊接结构制造质量的控制程序如图 5-1 所示，主要包括产品图样的评审和工艺性审查、产品焊接技术条件或企业焊接质量标准的编制、焊接工艺方案的编制、焊接工艺评定及工艺文件的编制、焊工及检验人员的考核、原材料及焊接材料入厂检验标准的制订和控制、焊接生产工艺过程的控制、焊后热处理工艺过程的控制、焊件工序质量和成品质量的检验、产品焊接质量问题的分析和改进等。

概括起来，进行焊接结构工艺性审查的目的是保证结构设计的合理性、工艺的可行性、结构使用的可靠性和经济性。此外，通过焊接结构工艺性审查可以及时调整和解决工艺性方面存在的问题，加快工艺规程编制的速度，缩短新产品生产准备周期，减少或避免在生产中发生重大技术问题。通过焊接结构工艺性审查，还可以提前发现新产品中关键零件或关键加工工序所需的设备和工装，以便提前安排定货和设计。

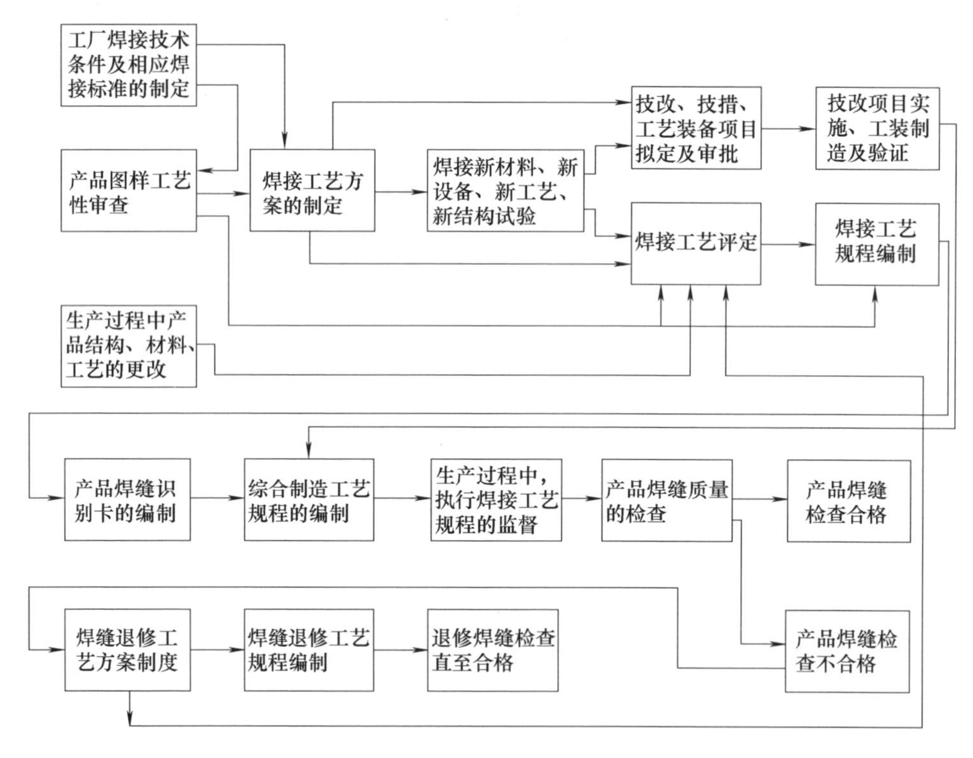

图 5-1　焊接结构制造质量的控制程序

二、焊接工艺评定的程序

焊接工艺评定的程序主要按产品的类型和质量等级而定。依据相关焊接工艺评定标准进行焊接工艺评定，部分标准见表 5-1。对于承压设备可依据标准 NB/T 47014—2023《承压设备焊接工艺评定》，按下列程序进行焊接工艺的评定。

表 5-1　部分焊接工艺评定标准

序号	标准编号	标准名称
1	CB/T 3748—2013	船用铝合金焊接工艺评定
2	CB/T 4363—2013	船用钛及钛合金焊接工艺评定
3	CJ/T 32—2004	液化石油气钢瓶焊接工艺评定
4	DB37/T 2486—2023	起重机械钢结构焊接工艺评定指南
5	DB41/T 1641—2018	桥架型起重机械焊接工艺评定
6	DB41/T 1825—2019	燃气用聚乙烯管道焊接工艺评定
7	DL/T 868—2014	焊接工艺评定规程
8	GB/T 19868. 3—2005	基于标准焊接规程的工艺评定
9	GB/T 19869. 1—2005	钢、镍及镍合金的焊接工艺评定试验
10	GB/T 19869. 2—2012	铝及铝合金的焊接工艺评定试验
11	GB/T 29710—2013	电子束及激光焊接工艺评定试验方法
12	GB/T 33209—2016	焊接气瓶焊接工艺评定
13	GB/T 40800—2021	铸钢件焊接工艺评定规范
14	GB/T 33645—2017	钢、镍及镍合金的激光-电弧复合焊接工艺评定试验
15	GB/T 39312—2020	铜及铜合金的焊接工艺评定试验
16	GB/T 40424—2021	管与管板的焊接工艺评定试验
17	GB/T 40801—2021	钛、锆及其合金的焊接工艺评定试验
18	HG/T 3178—2002	尿素高压设备耐腐蚀不锈钢管子　管板的焊接工艺评定和焊工技能评定
19	HG/T 3180—2002	尿素高压设备衬里板及内件的焊接工艺评定和焊工技能评定
20	HG/T 4280—2011	塑料焊接工艺评定
21	HG/T 5103—2016	塑料冷焊接工艺评定
22	JB/T 6315—1992	汽轮机焊接工艺评定
23	NB/T 20002. 3—2021	压水堆核电厂核岛机械设备焊接规范 第 3 部分:焊接工艺评定
24	NB/T 25084—2018	核电厂常规岛焊接工艺评定规程
25	NB/T 47014—2023	承压设备焊接工艺评定
26	SHJ 509—1988	石油化工工程焊接工艺评定
27	SY/T 0452—2021	石油天然气金属管道焊接工艺评定
28	T/CNEA 102. 3—2021	压水堆承压部件 焊接 第 3 部分:焊接工艺评定
29	T/CWAN 0016—2020	铁路车辆用铁素体不锈钢及耐大气腐蚀钢焊接工艺评定规范
30	T/CWAN 0019—2020	08Cr19Mn6Ni3Cu2N 高强度含氮奥氏体不锈钢焊接工艺评定规范

1. 焊接工艺评定的立项

（1）按焊接工艺方案立项　对于新型结构的产品，通常要求编制焊接工艺方案，其中包括所需完成的焊接工艺评定项目。焊接工艺方案按规定审批程序通过后，所列的焊接工艺评定项目即可列入工作计划。

（2）按新产品施工图样立项　在新产品施工图样转入工厂工艺部门做技术准备工作时，则可根据所采用的新结构材料、拟使用的新焊接方法或焊接工艺以及接头的壁厚范围提出焊接工艺评定项目。

（3）按产品制造过程中重大的更改立项　在大型焊接结构的制造过程中，可能出现结构、材料和工艺的重大更改而需重新编制焊接工艺规程。按相应的标准规定，凡重要工艺参数变更后，焊接工艺规程需重新进行焊接工艺评定。

2. 焊接工艺评定方案的制定

焊接工艺评定立项计划批准后，应根据产品的技术条件制定焊接工艺评定方案。其内容应包括产品名称及订货号、接头形式、母材金属牌号及规格、焊接方法、对接头性能的要求、检验项目和合格标准、所依据的标准名称和编号。

3. 编制预焊接工艺规程

按照焊接工艺评定方案提出的原始条件和技术要求编制预焊接工艺规程（pWPS）。其格式和内容类似于焊接工艺规程。在预焊接工艺规程中原则上只要求填写所评定的焊接工艺重要参数，而不必详细列出次要参数。但为便于正式焊接工艺规程的编制，大多数预焊接工艺规程都列出焊接工艺的次要参数，特别是那些对评定试板焊接质量有较大影响的次要参数。

预焊接工艺规程可以参考标准 NB/T 47014—2023 中所提供的参考格式，示例见后文表 5-2。

各栏目内容填写的要求如下：

1）名词术语要标准化和通用化，其中所用焊接名词术语应与 GB/T 3375—1994《焊接术语》中一致，不应采用本企业的习惯用语。

2）用词要简洁、易懂，切忌用词模糊不清，含义不确切。

3）书写字迹应工整，应使用符合规范的简体字，数字不得连写，不准涂改。

4）插图描绘要符合制图标准，尺寸及公差应标注清晰、正确，焊接顺序和焊接层次可用数字标注，焊接方向可用箭头表示。

5）物理量和计量单位的名称、符号应符合 GB 3102.1—1993 的规定。

4. 编制焊接工艺评定试验计划

焊接工艺评定试验计划的内容应包括为完成所列焊接工艺评定试验的全部工作：试板备料、坡口加工、试板组装和焊接、焊后热处理、无损检测、取样加工和理化检验等的计划、试验用料、费用预算、负责单位、协作单位分工及进度要求等。

5. 评定试板的焊接

评定试板的焊接应由考试合格的熟练焊工，按预焊接工艺规程中规定的各种焊接参数完成。试板焊接过程中应记录重要焊接参数的实测数据，如果试板要求焊后进行热处理，则应记录热处理过程中的试板实际温度和保温时间。

根据拟订的预焊接工艺规程焊接试件时，应注意做到以下几点：

1）按标准规定的图样选用材料并加工成待焊试件。

例如，根据钢制压力容器焊接结构特点，焊接工艺评定用的试件主要有如图 5-2 所示的几种。

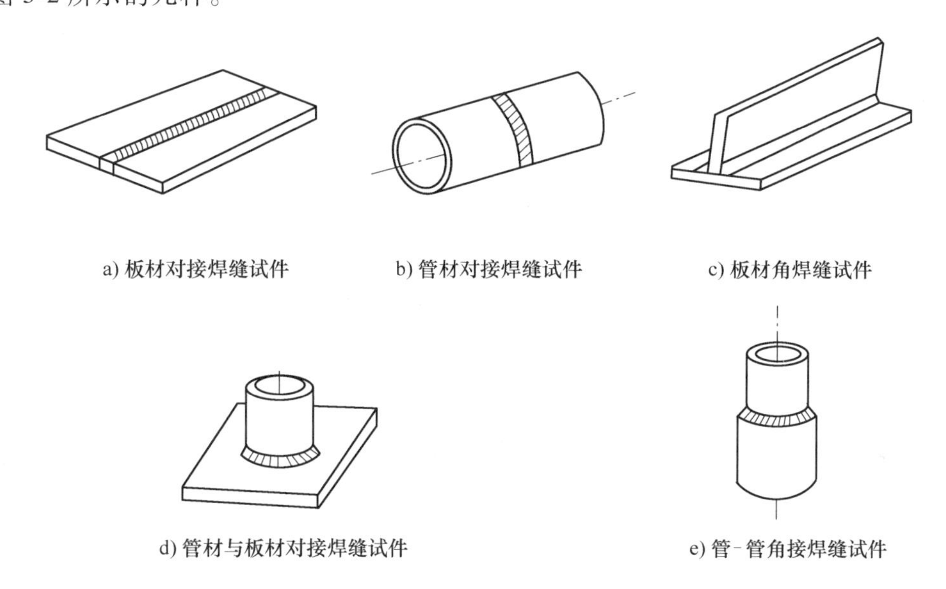

图 5-2 焊接工艺评定所用试件形式

对接焊缝试件的厚度应充分考虑工件厚度的有效范围，其他尺寸应满足制备试样的要求，如图 5-3 所示（仅供参考）。

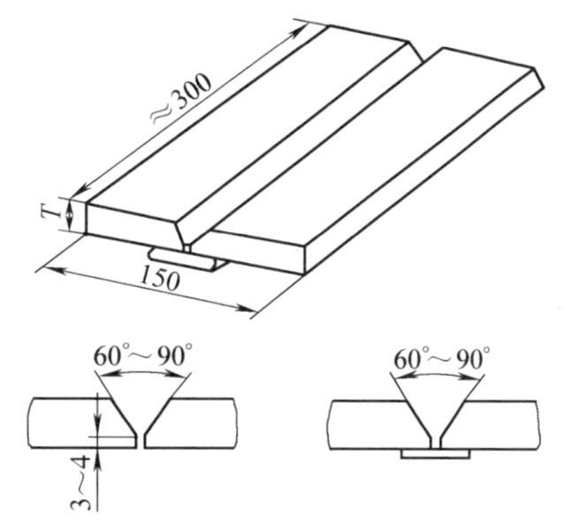

图 5-3 对接焊缝试样形式

对于角焊缝试件，可分为板-板角焊缝、管-板角焊缝、管-管角焊缝，试板尺寸如图 5-4 所示。

2）使进行焊接工艺评定所用的焊接设备、装备和仪表处于正常工作状态，尤其是焊工必须是本企业持证焊工。

3）试件焊接是焊接工艺评定的关键环节之一，要求焊工按预焊接工艺规程的规定检查钢材，清理试件，组对焊口，调整好工艺规范等。同时，应有专人做好实焊

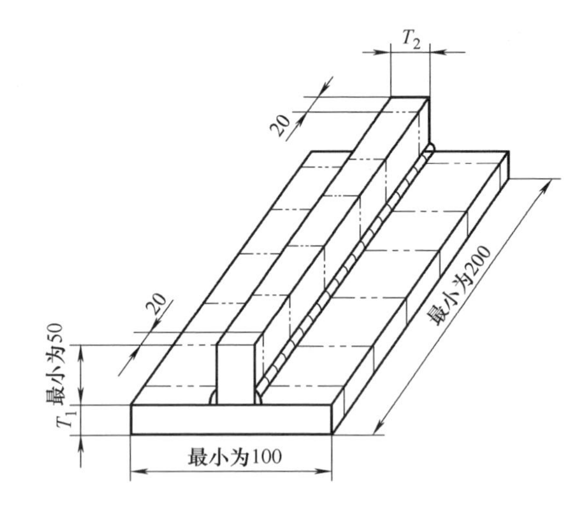

a) 板-板角焊缝试件尺寸

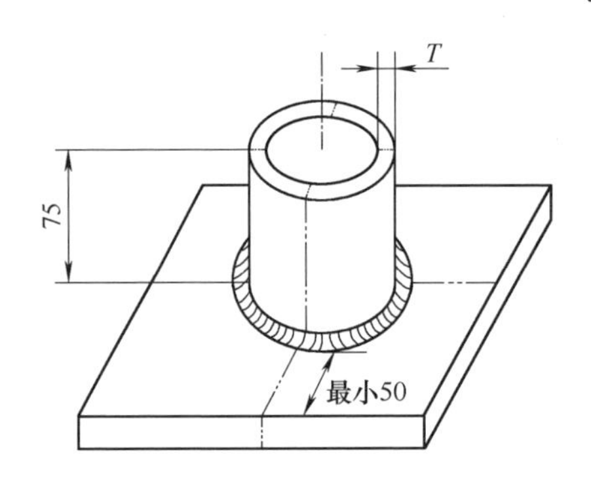

b) 管-板角焊缝试件尺寸

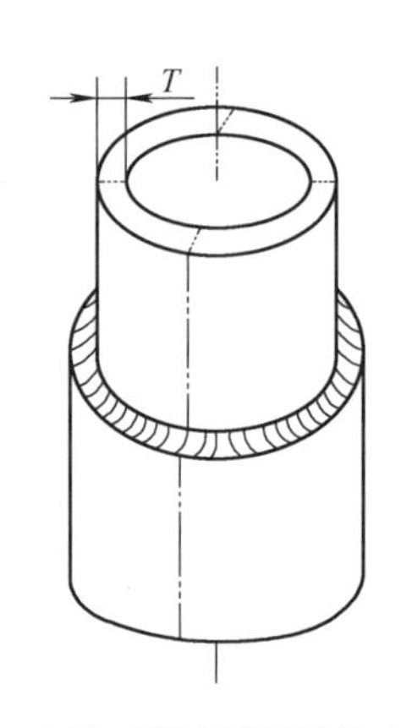

c) 管-管角焊缝试件尺寸

图 5-4　角焊缝试件尺寸

注：1. 最大焊脚尺寸：图 a 等于 T_2，且不大于 20mm；图 b 和图 c 等于 T。

2. 图 b 的底板母材厚度和 c 图的外管壁厚不小于 T。

3. 图中双点画线为切取试样示意线。

记录，它是现场焊接的原始资料，是焊接工艺评定报告的重要依据。

6. 评定试板的检验

焊接工艺评定试板原则上不进行无损检测，应在试板焊接后或焊后热处理后直接取样进行力学性能或其他理化性能的检验，检验项目按接头的类别而定。

（1）全焊透对接接头（包括开坡口的对接接头）　其力学性能检验项目有拉伸试验和弯曲试验。弯曲试样分为横向和纵向两种。横向弯曲又分面弯和背弯。当接头厚度大于 10mm 时，可用侧弯代替面弯和背弯。纵向弯曲试样也分面弯和背弯。板材对接试件的力学性能取样方法如图 5-5 所示。管材对接焊缝试件的力学性能取样方法如图 5-6 所示。

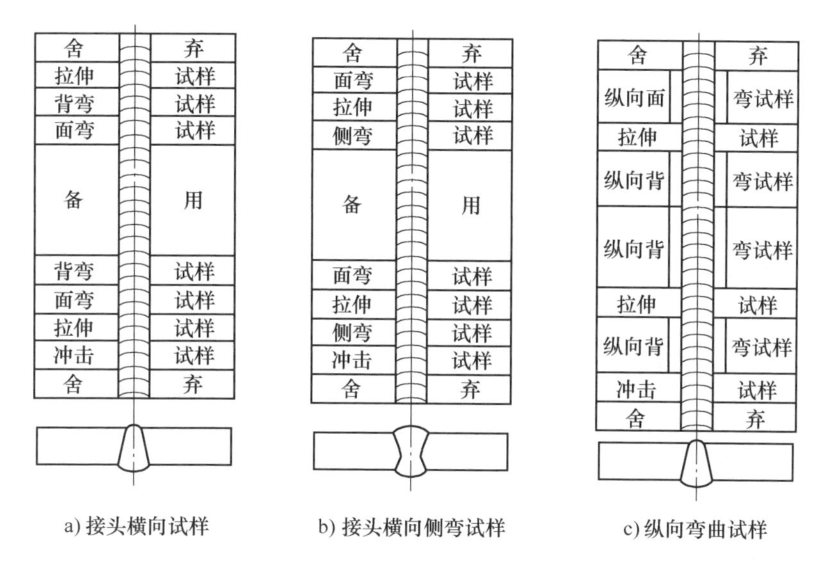

图 5-5 板材对接试件的力学性能取样方法

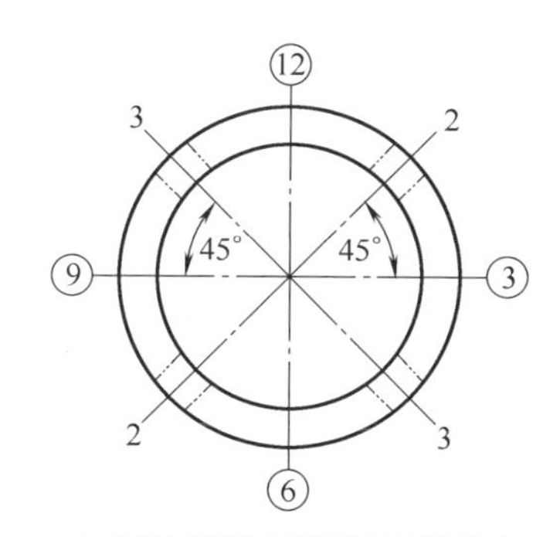

a) 拉伸试样为整管时弯曲试样位置

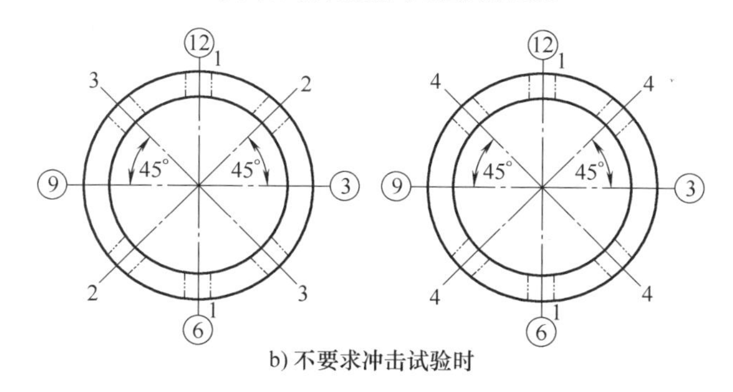

b) 不要求冲击试验时

图 5-6 管材对接焊缝试件取样位置

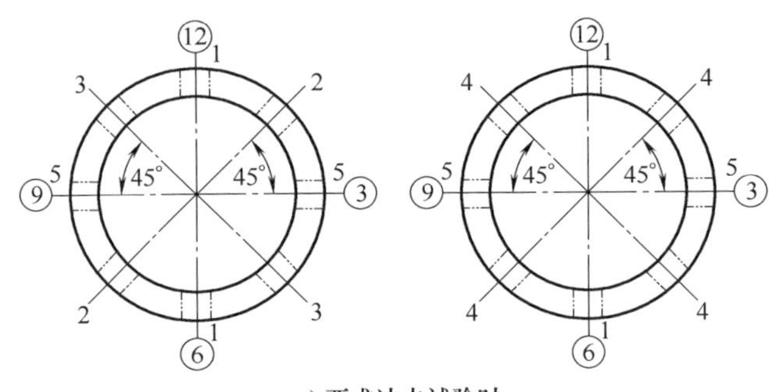

c) 要求冲击试验时

图 5-6　管材对接焊缝试件取样位置（续）

1—拉伸试验　2—面弯试样　3—背弯试样　4—侧弯试样　5—冲击试样

③、⑥、⑨、⑫—钟点记号，为水平定位焊时的定位标记

如果产品技术条件要求做焊接接头冲击试验，则焊接工艺评定试板也应取焊缝金属和热影响区的冲击试样，并在技术条件规定的温度下进行冲击试验。

（2）角接接头　对角接接头原则上只做横剖面的宏观检验。其评定试板，包括管接头角焊缝试件和套管角接试件的取样部位如图 5-7 所示，试样数量分别

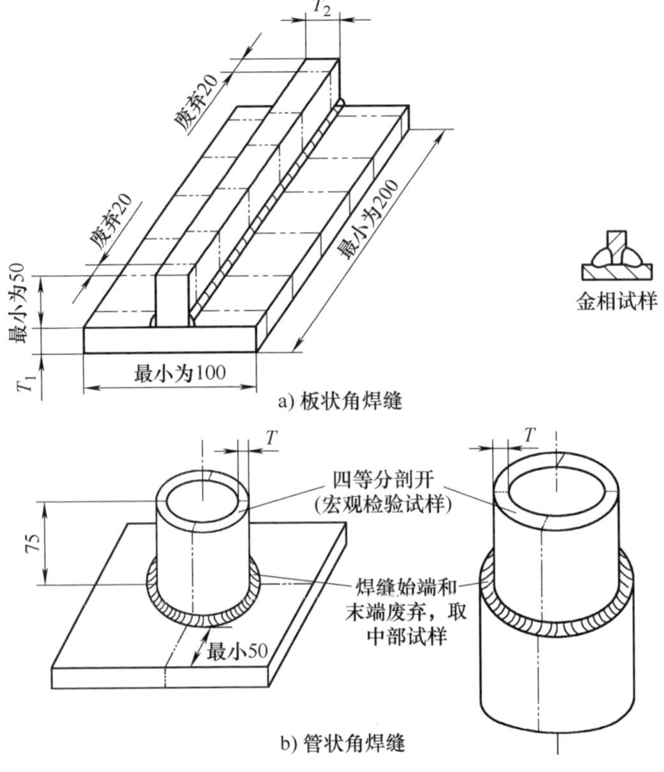

图 5-7　角接接头评定试件取样部位

为 5 片和 4 片。

（3）电阻焊接头　电阻焊接头应做焊缝横剖面的宏观检查、剪切试验和剥离试验。电阻对焊接头的检验项目同全焊透熔焊对接接头。

（4）螺柱焊接头　螺柱焊接头应做锤击或弯曲试验、抗扭试验或拉伸试验以及螺柱接头横剖面的宏观金相检验。

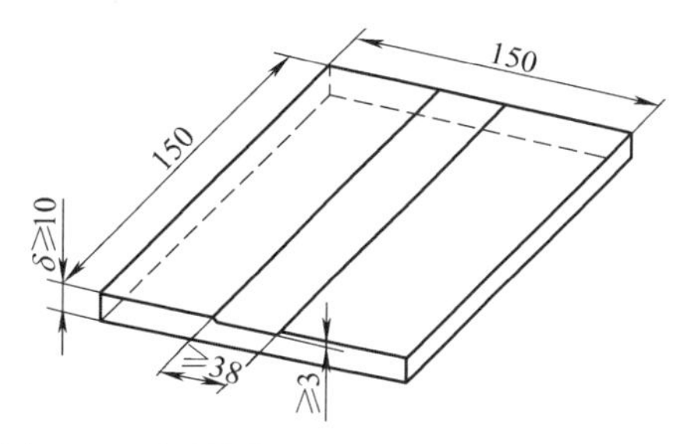

图 5-8　耐蚀堆焊层评定试板的形状和尺寸

（5）耐蚀堆焊层　耐蚀堆焊层应做表面渗透检测、弯曲试验和堆焊层的化学成分分析。耐蚀堆焊层评定试板的尺寸至少为 150mm×150mm。堆焊层的尺寸：宽至少为 38mm，长约 150mm，堆焊层的厚度应不小于焊接工艺评定的要求。其试板形状和尺寸如图 5-8 所示，试样的截取部位如图 5-9 所示。

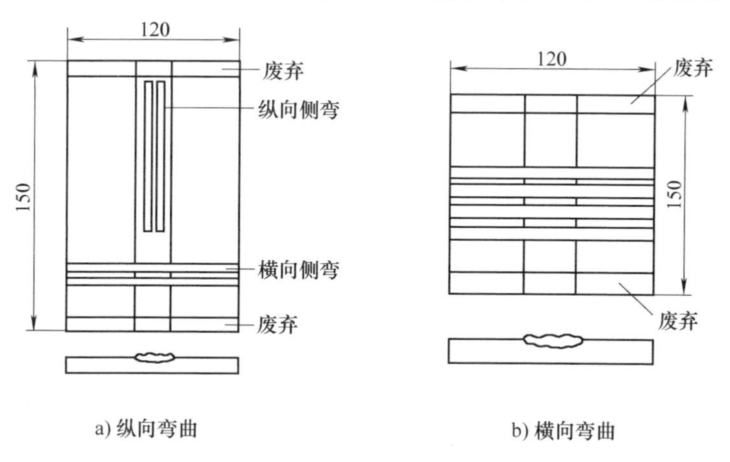

图 5-9　耐蚀堆焊层评定试板取样部位

（6）耐磨堆焊层　耐磨堆焊层应做表面渗透检测、硬度测定、横剖面的宏观金相检验以及堆焊层的化学成分分析。

7. 编写焊接工艺评定报告

按要求完成上述试验项目且试验结果全部合格后，即可编写焊接工艺评定报告。报告的内容大体分为两大部分：第一部分是记录焊接工艺评定的试验条件，包括试板材料牌号、类别号、接头形式、焊接方法、焊接位置、焊接材料、保护气体、预热温度、焊后热处理参数和焊接电参数等；第二部分是记录各项检验结果，其中包括拉伸、弯曲、冲击、硬度试验、宏观金相检验和渗透检测及化学成分分析等。焊接工艺评定报告的格式可参考表 5-3。

编写焊接工艺评定报告最重要的准则是如实记录，无论是试验条件还是检验结果都必须是实测的数据，并应有相应的记录卡和检验报告作为原始凭证。焊接工艺评定报告是必须由企业负责人签字的重要质量文件，是企业向技术监督部门或用户代表显示其质量控制能力的主要质量记录文件，因此编写人员必须认真负责，如实填写，不得错填和涂改。

焊接工艺评定试验可能由于接头的某项性能不符合标准或技术条件的要求而失败。在这种情况下，首先应分析失败的原因，然后重新编制预焊接工艺规程，重复进行上述程序，直至评定试验结果全部合格。

三、焊接工艺评定报告的识读

1. 焊接工艺评定报告举例

某压力容器制造公司生产分离器，其中有一部件材质为 Q235B 钢，厚度为 4mm 的对接焊缝，采用焊条电弧焊，焊接位置为平焊，对其焊接工艺进行评定。先分析 Q235B 钢的焊接性，依据 NB/T 47014—2023 中对接焊缝焊接工艺评定的要求，理解低碳钢母材和对接焊缝焊条电弧焊的焊接工艺评定规则，选择合适的焊接接头、母材、填充金属、焊接位置、预热、焊后热处理、电特性等参数和技术措施，编制分离器对接焊的焊接工艺评定预焊接工艺规程。其具体步骤如下：

1）焊接工艺人员根据图样要求、相关技术资料和实践经验编制 4mm 的 Q235B 钢焊条电弧焊对接焊缝预焊接工艺规程（pWPS），见表 5-2。

2）根据预焊接工艺规程（pWPS）焊接试件，做好原始记录。

3）进行外观检验和无损检验，确认试件无裂纹。

4）试验，评定试验结果是否合格。

5）出具焊接工艺评定报告，见表 5-3。

表 5-2 4mm Q235B 钢焊条电弧焊对接焊缝预焊接工艺规程（pWPS）

单位名称 ××××××设备有限公司

预焊接工艺规程编号 pWPS02 日期______ 所依据焊接工艺评定报告编号 PQR02

焊接方法 SMAW 机械化程度（手工、机动、自动） 手工

焊接接头：	简图：（接头形式、坡口形式与尺寸、焊层、焊道布置及顺序）
坡口形式 Y 形坡口 衬垫（材料及规格） 母材和焊缝金属 其他 —	70°±5° 1 2 4 0~1 0~1

母材：

类别号 Fe-1 组别号 Fe-1-1 与类别号 Fe-1 组别号 Fe-1-1 相焊或

标准号 — 钢号 Q235B 与标准号 — 钢号 Q235B 相焊

对接焊缝母材厚度范围 2～8mm

角焊缝母材厚度范围 不限

管子直径、壁厚范围：对接焊缝 2～8mm 角焊缝 不限

其他： —

（续）

填充金属：

焊材类别	FeT-1-1	—
焊材标准	GB/T 5117—2012、NB/T 47018.2—2017	—
填充金属尺寸	ϕ3.2mm	—
焊材型号	E4303	—
焊材牌号（金属材料代号）	J422	—
填充金属类别	焊条	—

其他：　—

对接时焊缝金属厚度范围　≤8mm　角接时焊缝金属厚度范围　不限

耐蚀堆焊金属化学成分（%，质量分数）

C	Si	Mn	P	S	Cr	Ni	Mo	V	Ti	Nb
—	—	—	—	—	—	—	—	—	—	—

其他：　—

注：对每一种母材与焊接材料的组合均需分别填表

焊接位置：

对接焊缝位置　1G

立焊的焊接方向（向上、向下）　—

角焊缝位置　—

立焊的焊接方向（向上、向下）　—

焊后热处理：

温度范围/℃　—

保温时间范围/h　—

预热：

最小预热温度/℃　室温

最大道间温度/℃　<300

保持预热时间　—

加热方式　—

气体：

	气体种类	混合比	流量/（L/min）
保护气	—	—	—
尾部保护气	—	—	—
背面保护气	—	—	—

电特性：

电流种类　直流（DC）　极性　反接（EP）

焊接电流范围/A　90～120　电弧电压/V　23～26

焊接速度（范围）　10～13cm/min

钨极类型及直径　—　喷嘴直径/mm　—

焊接电弧种类（喷射弧、短路弧等）　—　焊丝送进速度/（cm/min）　—

（按所焊位置和厚度，分别列出电流和电压范围，记入下表）

焊道/焊层	焊接方法	填充材料		焊接电流		电弧电压/V	焊接速度/（cm/min）	热输入/（kJ/cm）
		牌号	直径/mm	极性	电流/A			
1	SMAW	J422	ϕ3.2	DCEP	90～110	23～25	10～13	16.5
2	SMAW	J422	ϕ3.2	DCEP	110～120	24～26	11～13	17.0
—								

（续）

技术措施：

摆动焊或不摆动焊　不摆动焊　　摆动参数　—

焊前清理和层间清理　刷或磨　　背面清根方法　炭弧气刨+修磨

单道焊或多道焊（每面）　单道焊　　单丝焊或多丝焊　—

导电嘴至工件距离/mm　—　　锤击　—

其他：　环境温度>0℃　相对湿度<90%

编制	×××	日期	×××	审核	×××	日期	×××	批准	×××	日期	×××

表 5-3　4mm Q235B 钢焊条电弧焊对接焊缝焊接工艺评定报告

单位名称　××××××设备有限公司

焊接工艺评定报告编号　PQR02　　预焊接工艺规程编号　pWPS02

焊接方法　SMAW　　机械化程度（手工、半自动、自动）　手工

接头简图：（坡口形式、尺寸、衬垫、每种焊接方法或者焊接工艺的焊缝金属厚度）

母材：

材料标准　GB/T 3524—2015

材料代号　Q235B

组别号：Fe-1-1 与组别号 Fe-1-1 相焊

厚度　4mm

直径　—

其他　—

焊后热处理：

保温温度/℃　—

保温时间/h　—

保护气体：

	气体	混合比	气体流量/（L/min）
保　护　气	—	—	—
尾部保护气	—	—	—
背面保护气	—	—	—

填充金属：

焊材类别　FeT-1-1

焊材标准　GB/T 5117—2012、NB/T 47018.2—2017

焊材型号　E4303

焊材牌号　J422

焊材规格　ϕ3.2mm

焊缝金属厚度　4mm

其他　—

电特性：

电流种类　直流（DC）

极性　反接（EP）

钨极尺寸　—

焊接电流/A　①100　②120

电弧电压/V　25

焊接电弧种类　—

其他　最大热输入≤17.1kJ/cm

（续）

焊接位置： 对接焊缝位置 1G 方向：（向上、向下） 角焊缝位置 — 方向：（向上、向下） 预热： 预热温度/℃ 室温 道间温度/℃ 235 其他 —	技术措施： 焊接速度/（cm/min） ①11.8 ②10.5 摆动或不摆动 不摆动 摆动参数 — 多道焊或单道焊（每面） 单道焊 多丝焊或单丝焊 — 其他 —

拉伸试验 GB 228.1—2010　　试验报告编号：PQR02

试样编号	试样宽度/mm	试样厚度/mm	横截面积/mm^2	断裂载荷/kN	抗拉强度/MPa	断裂部位和特征
L-1	20.0	3.8	76	34	447	热影响区、韧性
L-2	20.0	3.8	76	34	447	热影响区、韧性

弯曲试验 GB/T 2653—2008　　试验报告编号：PQR02

试样编号	试样类型	试样厚度/mm	弯心直径/mm	弯曲角度/（°）	试验结果
W-1	面弯	4	16	180	合格
W-2	背弯	4	16	180	合格
W-3	面弯	4	16	180	合格
W-4	背弯	4	16	180	合格

冲击试验　　试验报告编号：—

试样编号	试样尺寸	缺口类型	缺口位置	试验温度/℃	冲击吸收能量/J	备注
—	—	—	—	—	—	—
—	—	—	—	—	—	—
—	—	—	—	—	—	—

金相检验（角焊缝）：
根部（焊透、未焊透） — ，焊缝（熔合、未熔合） —
焊缝、热影响区（有裂纹、无裂纹） —

检验截面	Ⅰ	Ⅱ	Ⅲ	Ⅳ	Ⅴ
焊脚差/mm	—	—	—	—	—

无损检验：
RT 无裂纹　　UT —
MT —　　PT —
其他 —
耐蚀堆焊金属化学成分（%，质量分数）

C	Mn	Si	P	S	Cr	Ni	Mo	V	Ti	Nb	
—	—	—	—	—	—	—	—	—	—	—	

（续）

化学成分测定表面至熔合线的距离/mm —											
附加说明：—											
结论：本评定按 NB/T 47014—2023 规定焊接试件、检验试样、测定性能、确认试验记录正确 评定结果：合格											
焊工姓名	×××			焊工代号	×××			施焊日期	×××		
编制	×××	日期	×××	审核	×××	日期	×××	批准	×××	日期	×××
第三方检验	×××										

2. 识读要点

（1）单位名称　编制单位的名称应以醒目的字体印在焊接工艺评定的表头，这一方面表明所编写的焊接工艺评定只适用于该企业，另一方面也显示焊接工艺评定报告是企业的重要质量文件，企业管理者对其正确性负全部责任。编制单位名称必须用全称。

（2）焊接工艺评定报告和预焊接工艺规程编号　为便于管理和检索，每份焊接工艺评定报告和预焊接工艺规程应加以编号。编号可以是简单的顺序数字，也可以是汉语拼音字母加顺序数字组合编号。在编号的后面应填上编写日期。

（3）焊接方法　焊接方法是焊接工艺的重要参数之一。焊接方法的名称必须填写正确，并注明焊接过程自动化的等级，注明手工、机械化或自动焊接。在一些大型企业中，焊接方法的名称可以采用英文缩写。

（4）焊接接头　此处应填写的是确切的接头名称，并按施工图样的要求绘出坡口详图，注明坡口的主要尺寸及公差、接缝装配尺寸及公差，便于专职检查员对坡口加工尺寸和装配质量进行检查。焊缝符号、名称、标注方法应符合相应的国家标准。坡口尺寸中也应标出根部装配间隙及公差。如果采用衬垫，也应标出衬垫的尺寸及其与工件的装配间隙要求。

（5）母材金属　该处的填写内容可分下列几种情况。

1）当采用国家标准所列的材料时，则可填写标准钢号或牌号及其所属的类别号和组别号。例如：所焊钢材为 Q235B 钢，其组别号为 Fe-1-1。填写方式为：钢号 Q235B，组别号 Fe-1-1。

2）当采用非标准材料时，除了填写材料牌号外，还应列出该种材料的化学成分和力学性能。如使用单位已确定该种材料的焊接性等级，则可按该种材料的焊接性和力学性能为其归类和分组。如未完成上述工作，则可暂将类别号、组别号空缺。

如所焊接头为异种材料，则应将两种不同材料的牌号或标准号、分类号及组别号一并列出。

3）母材金属厚度范围：为合理扩大焊接工艺评定报告的使用范围，在母材金属厚度一格中应当填写厚度范围，但厚度范围不是任意选定的，可按工艺评定试板的厚度及焊接工艺评定标准规定的母材金属厚度有效范围而定。

4）管子直径范围：当工件由板材制成时，母材金属一栏中只需按以上原则，填写母材金属的厚度范围；而当工件由管材制成时，则应标出适用的直径范围，因为管子的直径是考核焊工技能的重要参数之一。

（6）焊接材料　焊接材料包括焊条、气体保护焊丝（实心或药芯）、埋弧焊焊丝、焊剂及可熔衬垫等。焊接材料一栏的填写方式应遵循下列原则。

1）焊条型号及牌号：当采用已列入国家标准的焊条时，可填写该种焊条的标准型号以及相对应的焊条牌号，如抗拉强度为500MPa级的低氢钠型焊条，其标准型号为E5015，相对应的牌号为J507。

当采用非标准焊条时，除了写明焊条的非标准牌号外，还应列出熔敷金属的实际化学成分和力学性能。

2）气体保护焊丝：当采用国家标准实心焊丝时，可填写国家标准规定的焊丝型号。根据GB/T 8110—2020《熔化极气体保护电弧焊用非合金钢及细晶粒钢实心焊丝》的规定，焊丝型号的表示方法如下：

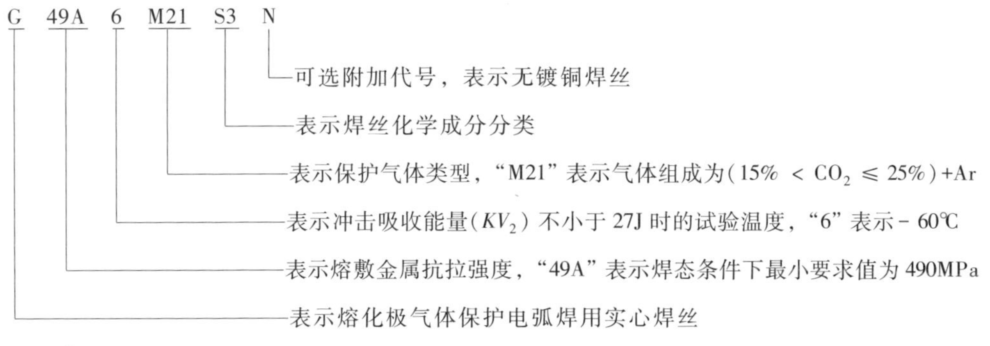

或

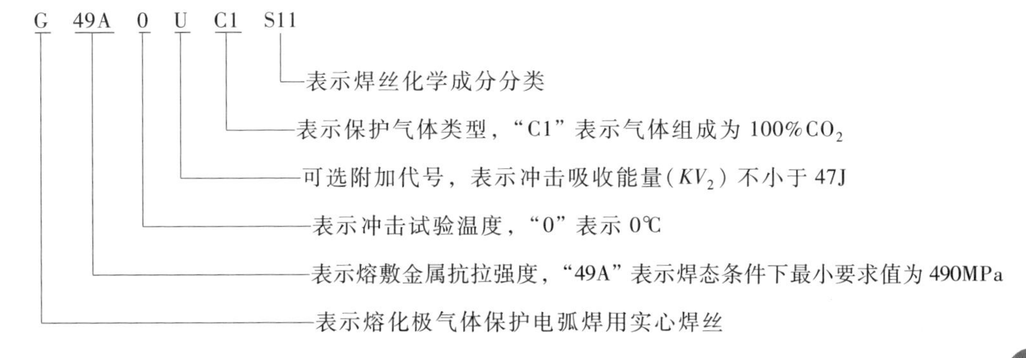

3）埋弧焊材料：埋弧焊是焊丝和焊剂一起使用的，按照 GB/T 12470—2018《埋弧焊用热强钢实心焊丝、药芯焊丝和焊丝-焊剂组合分类要求》的规定，焊剂-实心焊丝组合分类按照力学性能、焊剂类型和焊丝型号等进行划分，焊剂-药芯焊丝组合分类按照力学性能、焊剂类型和熔敷金属的化学成分等进行划分。示例如下：

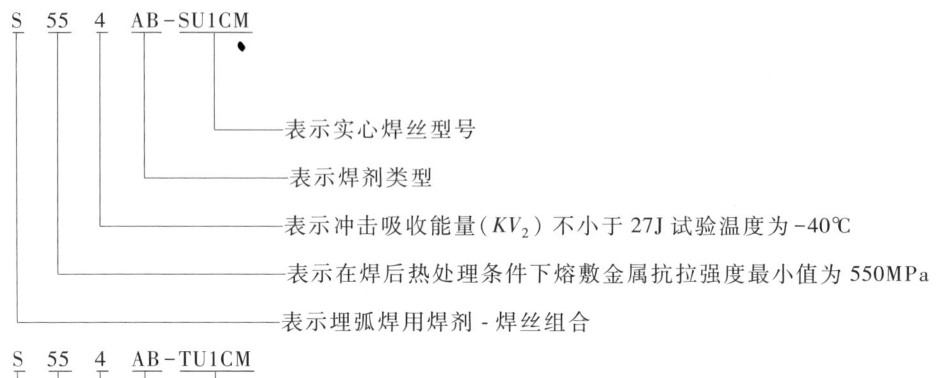

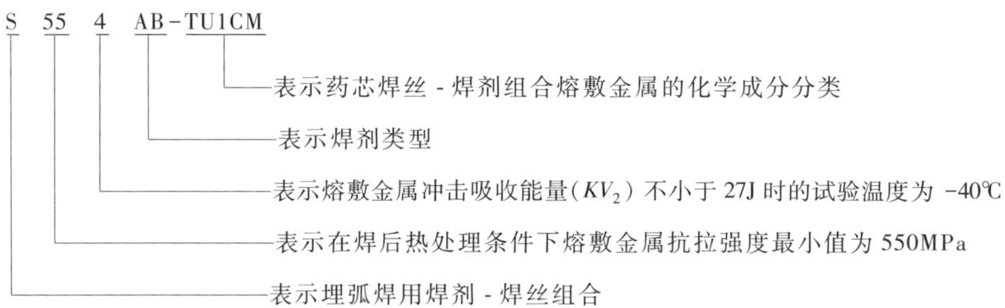

当采用非标准焊接材料时，除写明焊剂牌号和焊丝型号外，还应填写焊缝金属实际化学成分的范围及力学性能数据。

4）填充材料的规格：在焊接工艺规程填充材料一栏中，应写明该工艺规程所用各种填充材料的直径。焊条应标明焊芯直径，实心焊丝、药芯焊丝标出外径，焊剂应标出颗粒度，可熔衬垫应注全尺寸。

（7）保护气体　这一栏应按保护气体的用途填写。通常可分为喷嘴保护气体、拖罩保护气体和背面成形保护气体等。此外，还有等离子弧焊中的离子气。目前在生产中应用的保护气体有 CO_2、Ar、He、H_2 等，混合气体的种类更多，最常用的有 CO_2+Ar、CO_2+O_2+Ar、Ar+He、Ar+H_2、Ar+N_2，成形气体也可采用 N_2+H_2。

保护气体的具体要求可以根据 GB/T 39255—2020《焊接与切割用保护气体》进行填写。该标准中保护气体的型号、技术要求、试验方法、复验和供货技术条件等内容，适用于钨极惰性气体保护焊（141）、熔化极气体保护电弧焊（13）、等离子弧焊（15）、等离子弧切割（83）、激光焊（52）、激光切割（84）和电弧钎接焊（972）等工艺方法用保护、工作和辅助气体及混合气体。

保护气体流量以 L/min 为单位，应填写每种保护气体的最低流量。当焊接工艺规程适用于不同厚度时，则应标出合适的保护气体流量范围，由焊工按所焊工件厚度合理选择。

（8）预热及道间温度　预热是指焊接开始前，对工件的全部（或局部）进行加热的工艺措施。预热温度是按照焊接工艺的规定，预热需要达到的温度。通常预热温度是指工艺所要求的最低预热温度。对于过高的预热温度可能降低接头力学性能的材料，则应规定预热温度的范围，即对预热温度上限值加以限制。NB/T 47015—2023《压力容器焊接规程》根据钢材的类别、预热条件规定了不同类组别的最低预热温度；当焊接两种不同类别的钢材组成的焊接接头时，预热温度应按要求高的钢材选用；碳钢和低合金钢的最高预热温度不宜大于 300℃。

道间温度（俗称层间温度）是多层多道焊时，在施焊后续焊道之前，其相邻焊道应保持的温度。通常对于厚壁焊缝多层焊才做规定，薄板单层焊或双面单道焊可不填写。对于冷裂纹和再热裂纹敏感的钢材，应规定最低层间温度；而对热敏感的材料，如奥氏体不锈钢、镍基合金和调质高强度钢等，则应规定最高层间温度。一般碳钢和低合金钢的道间温度不宜大于 300℃，奥氏体不锈钢最高道间温度不宜大于 150℃。

在焊接低合金高强度钢厚壁接头时，为防止延迟裂纹的形成，对于某些钢种要求焊后保温一段时间，则应规定最低的保温温度和保温时间。对于某些延迟裂纹倾向较高的合金钢厚壁接头，焊后保持预热温度往往还不能可靠地防止延迟裂纹，则应根据钢材的焊接性和工艺试验报告，填写后热温度和后热时间。对于壁厚大于 80mm，对氢致延迟裂纹敏感的钢材，还应规定消氢处理温度和保温时间。

（9）后热及焊后热处理　后热是焊接后立即对焊件的全部（或局部）进行加热或保温，使其缓冷的工艺措施。后热温度是按照焊接工艺的规定，后热需要达到的温度。NB/T 47015—2023《压力容器焊接规程》中要求：对冷裂纹敏感性较大的低合金钢和拘束度较大的焊件应采取后热措施；后热应在焊后立即进行；后热温度一般为 200℃～350℃，保温时间与后热温度、焊缝金属厚度有关，一般不少于 30min；如果焊后立即进行热处理则可不进行后热。

焊后热处理是焊后为改善焊接接头的组织和性能或消除残余应力而进行的热处理。对于焊后需热处理的接头，应在“焊后热处理”一栏中写明：焊后热处理的名称（固溶处理、调质、正火、正火与回火、消除应力处理、时效处理等）、热处理温度范围以及保温时间范围，对升温速度和降温速度有特殊要求的焊件，则应注明所要求的升温速度和降温速度。

对要求严格控制热处理温度的焊件，除规定热处理温度容许偏差外，还应注明热处理时焊件温度实测方法及要求，如将热电偶直接接在焊件适当部位的表面。

在 NB/T 47015—2023《压力容器焊接规程》中的焊后热处理是指为改善焊接区域的性能，消除焊接残余应力等有害影响，将焊接区域或其中部分在金属相变点以下加热到足够高的温度，并保持一定的时间，而后均匀冷却的热过程。标准中对钢材的热处理温度、热处理厚度、热处理规范、保温时间、热处理方式等参数进行了具体规定。

对要求严格控制热处理温度的焊件，除规定热处理温度容许偏差外，还应注明热处理时焊件温度实测方法及要求，如将热电偶直接接在焊件适当部位的表面等。

（10）焊接参数　对于各种常用电弧焊方法，在焊接参数一栏中列有焊接电流种类、极性、焊接电流范围、焊接电压范围及焊接速度等。对于脉冲电弧焊，需列出脉冲频率、峰值电流、基值电流和脉宽比等参数。对于电阻焊，除了焊接电流外，还应列出通电时间和电极压力或顶锻力。

（11）焊接试验　可参考前面所介绍的方法进行试件的检验与测试。

（12）操作技术　此栏应列出焊接位置、焊接方向、焊接顺序、焊条运送方式、焊丝摆动参数、焊丝伸出长度、焊道层次、焊丝根数、焊前清理和层间清理方法、焊缝背面清根方法、锤击方法、工件及焊枪倾角、丝间距离等。

第二节　焊接工艺规程

一、焊接工艺规程的概念

工艺规程是规定产品或零部件制造工艺过程和操作方法等的工艺文件，也就是将工艺路线中的各项内容，以工序为单位，按照一定格式写成的技术文件。在焊接结构生产中，工艺规程由两部分组成：一部分是原材料经划线、下料及成形加工制成零件的工艺规程；另一部分是由零件焊接装配形成部件或由零部件焊接装配成产品的工艺规程。

工艺规程是工厂中生产产品的科学程序和方法；是产品零部件加工、焊接装配、工时定额、材料消耗定额、计划调度、质量管理以及设备选购等生产活动的技术依据。工艺规程的技术先进性和经济性，决定着产品的质量与成本，决定着产品的竞争能力，决定着工厂的生存与发展，因此工艺规程是工厂工艺文件中的指导性技术文件，也是工厂工艺工作的核心。

二、焊接工艺规程的内容

焊接工艺规程是指导焊工按法规要求焊制产品焊缝的工艺文件。因此，一份完整的焊接工艺规程应当列出为完成符合质量要求的焊缝所必需的全部焊接参数，除了规定直接影响焊缝力学性能的重要工艺参数以外，也应规定可能影响焊缝质量和外形的次要工艺参数。具体项目包括：焊接方法、母材金属类别及牌号、厚度范围、焊接材料种类、牌号、规格、预热和后热温度、热处理方法和制度、焊接工艺电参数、接头形式及坡口形式、操作技术和焊后检查方法及要求。对于厚壁受压部件焊缝还应规定焊接顺序和焊缝层次。必要时，也可列入其他有用的工艺参数，如衬垫材料、背面通成形气体等。

三、焊接工艺规程的编制程序

对于一般的焊接结构和非法规产品，可直接按产品技术条件、产品图样、工厂有关焊接标准、焊接材料和焊接工艺试验报告以及已积累的生产经验数据编制焊接工艺规程，经过一定的审批程序即可投入使用，无须事先经过焊接工艺评定。

对于受监督的重要焊接结构和法规产品，每一份焊接工艺规程必须有相应的焊接工艺评定报告作为支持，即应根据已评定合格的工艺评定报告来编制焊接工艺规程，只有经评定合格的焊接工艺规程才能用于指导生产。

焊接工艺规程原则上是以产品接头形式为单位进行编制，如压力容器壳体纵缝、环缝、筒体接管焊缝、封头人孔、加强板焊缝等，都应分别编制一份焊接工艺规程。如果容器壳体纵、环缝采用相同的焊接方法、相同的主要参数，则可以用一份焊接工艺评定报告来支持纵、环缝两份焊接工艺规程。如果某一焊接接头需采用两种或两种以上焊接方法焊成，则这种焊接接头的焊接工艺规程应以相对应的两份或两份以上的焊接工艺评定报告为依据。

焊接工艺规程表格可以参考 NB/T 47015—2023《压力容器焊接规程》标准中推荐的表格，包括封面、接头编号表、焊接材料汇总表和接头焊接工艺卡，适用于焊条电弧焊、埋弧焊、气体保护焊，可参考后文示例。

四、焊接工艺规程图的识读

下面以钢制压力容器为例，说明焊接工艺规程图的识读。

制造受压部件常用的低碳钢有 Q235A、20 和 20G 钢等。这些钢的碳含量较低，最高不超过 0.22%（质量分数），故无淬硬倾向，焊接性较好，焊接时不必采取特殊的工艺措施。通常可采用各种传统的熔焊方法。壁厚小于 90mm 的工件，焊前不必预热。

采用焊条电弧焊时，可选用 E4316（J426）和 E4315（J427）低氢型焊条。对于厚壁受压部件，应选用 E5016（J506）或 E5015（J507）低氢焊条。采用埋弧焊时可选用 H08A 焊丝配 HJ431 焊剂（按现行标准焊剂-焊丝组合表示为

S49A2UMS-SU08A)。对于需做焊后热处理的厚壁受压工件，应选用 H08MnA 焊丝配 HJ431 焊剂（按现行标准，焊剂-焊丝组合表示为 S49A2UMS-SU26)。在一般情况下，不必限制埋弧焊的热输入，即容许采用大电流进行焊接。但需要注意的是，用埋弧焊焊接厚 14~20mm 直边对接接头时，经常会出现焊接接头冷弯试验不合格的情况。其原因之一是在焊接这种接头时，为保证焊缝全焊透，必然要选用 800A 以上的大电流，从而形成近缝区的液化裂纹。试验证明，如果所焊的钢板碳、硫含量偏上限，则可能由于近缝区的过热和较长时间的高温停留而在近表面熔合线附近形成如图 5-10 所示的液化裂纹。这种裂纹尺寸虽小，但在冷弯试验时，会很快扩展而导致弯曲试样开裂。表 5-4 为 20 钢板的化学成分。

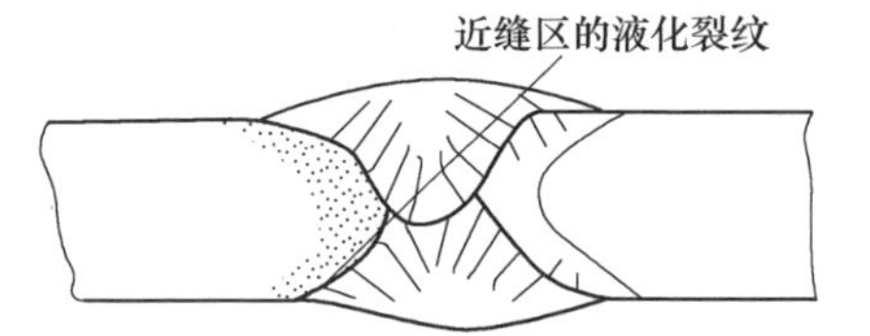

图 5-10　低碳钢直边对接接头埋弧焊近缝区的液化裂纹

表 5-4　20 钢板化学成分（%，质量分数）

板厚/mm	C	Si	Mn	S	P
14	0.17~0.22	0.15~0.40	0.60~1.00	≤0.010	≤0.025

为了防止这种液化裂纹的形成，在焊接工艺上可采取以下措施：

1）加大接缝的间隙，并在焊剂垫或铜衬垫上焊接。这样可在保证接头全焊透的前提下，适当调低焊接电流和焊接热输入。

2）如果采用了第一种措施仍未奏效，则可将直边对接改成开坡口对接，由单道焊改为多道焊，这样可明显减少每道焊缝的焊接热输入。

在对厚壁容器环缝进行埋弧焊时，同样应注意母材熔化混入焊缝的数量，即所谓母材的熔合比，如图 5-11 所示的焊接 U 形坡口根部焊道的情况。如果采用

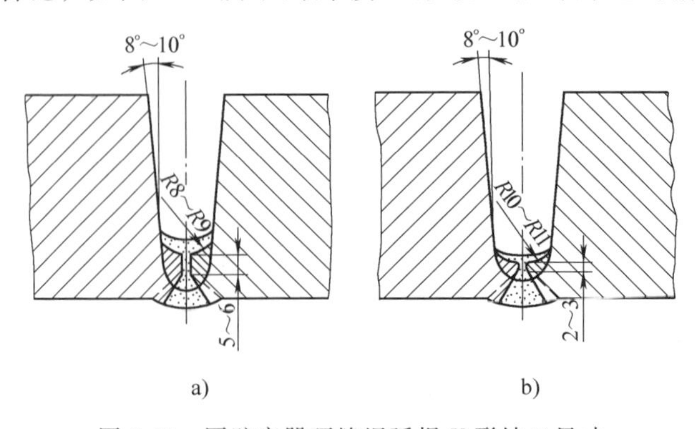

图 5-11　厚壁容器环缝埋弧焊 U 形坡口尺寸

a）易产生热裂纹　b）不易产生热裂纹

图 5-11a 所示的大钝边和小底部 R 的 U 形坡口，则在根部焊道焊接时，由于母材的熔合比较大而提高了焊缝金属中的碳、硫含量，最终导致焊缝中心线热裂纹的形成。如果采用图 5-11b 所示的形式，将 U 形坡口的钝边减小，底部 R 增大，则可明显减小根部焊道母材的熔合比而提高了抗裂性。在进行 U 形坡口填充层的多道焊接时，也应严格控制焊丝离坡口侧面的距离，防止坡口侧面的过量熔化和热裂纹的形成。

当碳钢制压力容器的壁厚≥90mm 时，在焊条电弧焊或埋弧焊前，要求对焊接区进行适当的预热，预热温度可控制在 100~150℃。虽然低碳钢无淬硬倾向，但厚壁接头的焊接残余应力相当大，如果不采取预热措施，很可能在一些不利条件的共同作用下产生焊接裂纹，或者使接头的韧性明显下降。

壁厚大于 40mm 的低碳钢筒节纵缝和钢板拼接缝可采用垂直电渣焊。虽然电渣焊缝必须经过正火处理。但由于焊接效率较高，所产生的经济效益完全可以补偿正火处理的费用。低碳钢的电渣焊一般采用 H10Mn2 和 H10MnSi 等合金焊丝，这是因为电渣焊后的正火处理会显著地降低焊缝的强度。电渣焊焊剂可选用 HJ431 或 HJ360。焊后的正火温度应为 900~950℃。

钢制压力容器接管和加强圈的曲线焊缝可以采用半自动 MAG 焊，焊丝可选用 G49A0M21S10 或 G50P0M31S6，焊丝直径为 1.2~1.6mm。

按 GB 150—2011《压力容器》标准的规定，壁厚超过 34mm 的碳素钢压力容器，焊后需要进行去应力处理。去应力处理温度为 550~600℃，对接头的性能影响不大。如果要求保持机械加工工件的精确尺寸，如大直径法兰封面和螺孔螺纹等，则去应力处理的温度可降到 500~550℃ 的范围内，并适当延长保温时间，严格控制焊件加热过程中的温差，以防止去应力处理过程中焊件形状的畸变。

表 5-5~表 5-8 为氮气缓冲罐的焊接工艺规程示例（部分）。

表 5-5　焊接工艺规程（封面）

×××压力容器制造有限公司

焊接工艺规程

……编号____________

产品型号		项目	
图号		位号	
名称	氮气缓冲罐	名称	

版次	阶段	说明	修改标记及处数	编制人及日期	审核人及日期	备注

表 5-6　焊接工艺规程（接头编号表）

××××压力容器制造有限公司

HJ-02

共×页　第×页

接头编号示意图

接头编号（直径、厚度）	焊接工艺卡编号	焊接工艺评定编号	焊工持证项目	无损检测要求
E2	HK-8	D-B1. 2-16SR	SMAW-FeⅡ-6FG-12/70-02/11/12	
E1	HK-7	D-B1. 2-16SR	SMAW-FeⅡ-6FG-12/70-02/11/12	
D2，D3，D4（ϕ85×20）	HK-6	W-B1. 2-16SR D-B1. 2-16SR	GTAW-FeⅡ-6FG-12/70-02/11/12 SMAW-FeⅡ-6FG-12/70-02/11/12	
D1（ϕ46×12）	HK-5	W-B1. 2-16SR W-B1. 2-8SR D-B1. 2-16SR D-B1. 2-8SR	GTAW-FeⅡ-6FG-12/70-02/11/12 SMAW-FeⅡ-6FG-12/70-02/11/12	
B3、B5、B6、（ϕ57×6）	HK-4	W-B1. 2-4SR D-B1. 2-4SR	GTAW-FeⅡ-6G-12/70-FefS-02/11/12 SMAW-FeⅡ-6G-12/70-Fef3J	100%MT， 不低于Ⅰ级为合格
B2、B4（ϕ600×20）	HK-3	W-B1. 2-16SR D-B1. 2-16SR M-B1. 2-16SR	GTAW-FeⅡ-6G-12/70-FefS-02/11/12 SMAW-FeⅡ-6G-12/70-Fef3J SAW-1G（K）-07/09/19	100%RT，不低于 Ⅱ级为合格
B1（ϕ32×5）	HK-2	W-B1. 2-4SR D-B1. 2-4SR	GTAW-FeⅡ-6G-12/70-FefS-02/11/12 SMAW-FeⅡ-6G-12/70-Fef3J	100%MT，不低 于Ⅰ级为合格
A1（t=20）	HK-1	M-B1. 2-16SR	SAW-1G（K）-07/09/19	100%RT，不低于 Ⅱ级为合格

表 5-7　焊接工艺规程（焊接材料汇总表）

××××压力容器制造有限公司

HJ-03

共×页　第×页

焊接材料汇总表

母材	焊条电弧焊(SMAW)		埋弧焊(SAW[①])			气体保护焊(GMAW/GTAW)		
	焊条牌号 规格	烘干温度℃ 烘干时间 h	焊丝型号 规格	焊剂	烘干温度℃ 烘干时间 h	焊丝型号 规格	保护气体	气体纯度
Q355R+Q355R	J507 ϕ3.2 ϕ4.0 ϕ5.0	350 1	H10Mn2 ϕ4.0	SJ101	350 2	ER50-6[②] ϕ2.5	Ar	99.9%
Q355R+Q355D	J507 ϕ4.0 ϕ5.0	350 1	—	—	—	—	—	—
Q355R+Q235	J507 ϕ4.0	350 1	—	—	—	—	—	—

容器技术特性

部位	设计压力/MPa	设计温度/℃	试验压力/MPa	焊接接头系数	容器类别	备注

① 焊剂 SJ101 和焊丝 H10Mn2 组合，按现行标准表示为 S49A2UFB-SU34。

② ER50-6 焊丝 Ar 气保护，按现行标准表示为 G49A2I1S6N。

表 5-8　焊接工艺规程（接头焊接工艺卡）

××××××压力容器制造有限公司

HJ-04
共×页　第×页

<table>
<tr><td rowspan="2">接头焊接工艺卡</td><td colspan="4" rowspan="2">焊接工艺顺序</td><td colspan="2">焊接工艺卡编号</td><td colspan="3">HK-1</td></tr>
<tr><td colspan="2">图号</td><td colspan="3"></td></tr>
<tr><td rowspan="8">60°±5°
18±1
1±1
1
20
2~3
10±0.5
1±0.5
1±1</td><td colspan="4" rowspan="4">1. 将焊缝坡口及两侧 20mm 范围内的油、铁锈等脏物清除
2. 检查接头坡口根部间隙，确认合格后在筒体外侧用焊条进行定位焊（焊点长 25~35mm，焊点均匀分布，间距约 150mm）内侧焊接完成后，外侧清根
3. 焊缝表面质量要求：
1）焊缝外形尺寸应符合工艺文件的规定
2）焊缝及其热影响区表面无裂纹、未熔合、夹渣、弧坑和气孔
3）焊缝与母材应圆滑过渡，角焊缝应平缓过渡，焊缝无咬边
4. 焊后焊工自检合格后，在规定位置打上焊工代号钢印
5. 100%RT 检测，不低于Ⅱ级为合格</td><td colspan="2">接头名称</td><td colspan="3">筒体纵缝</td></tr>
<tr><td colspan="2">接头编号</td><td colspan="3">A1</td></tr>
<tr><td colspan="2">焊接工艺评定报告编号</td><td colspan="3">M-B1. 2-16SR</td></tr>
<tr><td colspan="2">焊工持证项目</td><td colspan="3">SAW-1G(K)-07/09/19</td></tr>
<tr><td rowspan="4">母材代号</td><td rowspan="2">Q355D</td><td rowspan="2">厚度/mm</td><td rowspan="2">20</td><td rowspan="4">检验</td><td>序号</td><td>本厂</td><td>监检单位</td><td>第三方或用户</td></tr>
<tr><td>2、3</td><td>E</td><td></td><td></td></tr>
<tr><td rowspan="2">Q355</td><td rowspan="2">厚度/mm</td><td rowspan="2">20</td><td>4、5</td><td>E</td><td>B</td><td></td></tr>
<tr><td>6</td><td>E、H</td><td>C</td><td></td></tr>
</table>

<table>
<tr><td>焊接位置</td><td colspan="3">平焊</td><td>层-道</td><td rowspan="2">焊接方法</td><td colspan="2">填充金属</td><td colspan="2">焊接电流</td><td rowspan="2">电弧电压/V</td><td rowspan="2">焊接速度/(cm/min)</td><td rowspan="2">热输入/(kJ/cm)</td></tr>
<tr><td>施焊技术</td><td colspan="3">—</td><td>—</td><td>牌号[1]</td><td>直径/mm</td><td>极性</td><td>电流/A</td></tr>
<tr><td>预热温度/℃</td><td colspan="3">≥120</td><td>1-1</td><td>SAW</td><td rowspan="3">H10Mn2
SJ101</td><td rowspan="3">φ4.0
60~10目</td><td>DCEN</td><td>700~750</td><td>36~38</td><td>35~42</td><td>≤48.86</td></tr>
<tr><td>道间温度/℃</td><td colspan="3">250</td><td>2-1</td><td>SAW</td><td>DCEP</td><td>680~730</td><td>35~38</td><td>35~40</td><td>≤47.55</td></tr>
<tr><td>焊后热处理</td><td colspan="3">620℃±20℃,0.8h</td><td>3-1</td><td>SAW</td><td>DCEP</td><td>550~630</td><td>35~38</td><td>35~40</td><td>≤47.55</td></tr>
<tr><td>后热</td><td colspan="3">—</td><td>—</td><td>—</td><td>—</td><td>—</td><td>—</td><td>—</td><td>—</td><td>—</td><td>—</td></tr>
<tr><td>钨极直径/mm</td><td colspan="3">φ2.5</td><td>—</td><td>—</td><td>—</td><td>—</td><td>—</td><td>—</td><td>—</td><td>—</td><td>—</td></tr>
<tr><td>喷嘴直径/mm</td><td colspan="3">φ8</td><td>—</td><td>—</td><td>—</td><td>—</td><td>—</td><td>—</td><td>—</td><td>—</td><td>—</td></tr>
<tr><td>脉冲频率</td><td colspan="3">—</td><td>—</td><td>—</td><td>—</td><td>—</td><td>—</td><td>—</td><td>—</td><td>—</td><td>—</td></tr>
<tr><td>脉宽比(%)</td><td colspan="3">—</td><td>—</td><td>—</td><td>—</td><td>—</td><td>—</td><td>—</td><td>—</td><td>—</td><td>—</td></tr>
<tr><td rowspan="2">气体成分</td><td rowspan="2">Ar</td><td rowspan="2">气体流量/(L/min)</td><td>正面:7~8</td><td>—</td><td>—</td><td>—</td><td>—</td><td>—</td><td>—</td><td>—</td><td>—</td><td>—</td></tr>
<tr><td>背面:—</td><td>—</td><td>—</td><td>—</td><td>—</td><td>—</td><td>—</td><td>—</td><td>—</td><td>—</td></tr>
</table>

① 焊剂 SJ101 和焊丝 H10Mn2 组合，按现行标准表示为 S49A2UFB-SU34。

第三节　焊接工艺卡的识读

一、焊接工艺卡

焊接工艺规程是多种焊接工艺文件的统称，根据工厂的具体情况和产品的具体结构及复杂程度不同，需要焊接工艺技术人员设计和编制相应的适应生产的不同焊接工艺文件。焊接工艺文件的种类和形式多种多样，繁简程度也不一样。焊接结构生产中常用的工艺文件主要有工艺过程卡片、工艺卡片、工序卡片和工艺守则等几种。

焊接工艺卡是以工序为单位详细说明零件、部件加工方法和加工过程的一种卡片。在工艺卡片上需绘制零部件简图、加工部位、加工符号、尺寸及技术要求等。除此之外，还要在工艺卡的工序内容中说明各工序的顺序和内容等。一般说来，一种类型（同种材质、同样厚度、同样的接头形式、同种焊接方法、同样的技术要求）的接头，应编制一份焊接工艺卡，且应使工人能够根据工艺卡的内容，生产出合格产品来。焊接工艺卡见表5-9。

焊接工艺卡应包含如下主要内容：

1）根据产品装配图和零部件加工图以及其技术要求，确定母材牌号和厚度、焊接方法和焊接位置，找出相对应的焊接工艺评定，绘制接头简图。接头简图应包括母材牌号、坡口形状和尺寸、厚度、焊接顺序（或层道次序）、不同的焊接方法或不同焊材的焊缝金属厚度、清根位置及焊脚高度等。

2）焊接工艺卡的编号、图号、接头名称、接头编号、焊接工艺评定编号和焊工持证项目等。

3）焊接顺序，由焊接工艺评定和实际的生产条件及技术要求和生产经验确定，包括坡口清理、定位焊、预热、清根的顺序和位置、层间温度的控制、层间清理的要求以及检验或其他有关的要求等。

4）焊接参数，也就是由焊接工艺评定提供的参数，包括每一层道的焊接方法、填充材料的牌号和直径、焊接电流的极性和电流值、电弧电压、焊接速度等。

5）其他的相关参数，由焊接工艺评定给出，包括预热温度、层间温度、焊后热处理、后热、钨极直径、喷嘴直径、气体成分和流量等。

6）产品的检验，根据产品图样要求和产品标准确定，包括检验机关、检验方法和检验比例。

上述内容构成了一份完整的焊接工艺卡，各企业可根据自己的实际情况增加或减少一些内容，但必须保证焊工或操作工能够根据工艺卡进行操作。

二、焊接工艺卡举例

某一压力容器厂生产一种水冷凝器，其焊缝位置如图5-12所示。其中，*C*1、*C*2为水冷凝器封头和筒体之间的环形焊缝，*C*3、*C*4为喷嘴与法兰之间的环形焊缝，*D*1、*D*2、*D*3为喷嘴和筒体之间的环形焊缝，产品图号为WN26.9-00，采用焊条电弧焊，要求编制焊接工艺卡。

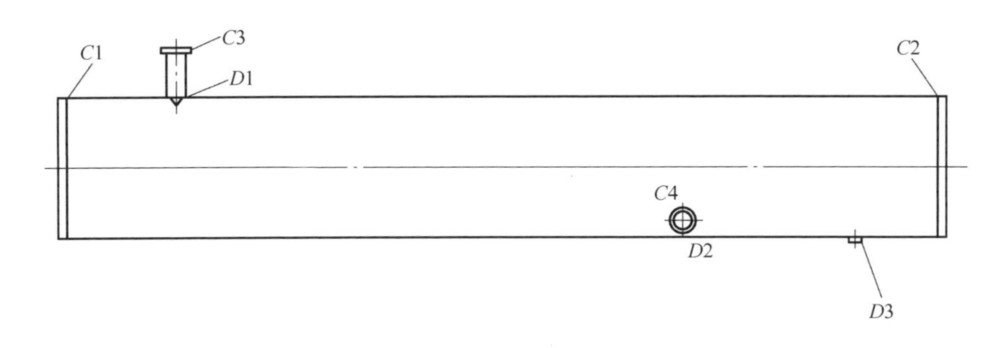

图5-12　水冷凝器焊缝位置示意图

1）首先，根据零部件图确定该焊缝材质为Q235钢。厚度分别为2.5mm、7mm、19mm。*C*1、*C*2为对接接头，开V形坡口；*C*3、*C*4为T形接头，角焊缝，不开坡口；*D*1、*D*2、*D*3为T形接头，角焊缝，开单边V形坡口，采用焊条电弧焊。

2）绘制接头简图，给出接头细节。

3）根据工艺评定填写各焊接工艺卡的其他项目，注意其参数范围不能超出工艺评定的适用范围。

4）填写其他项目。

各项数据填写完后，此项焊接工艺卡编制完成。由技术负责人审批后，即可投入使用。针对该示例所制订的工艺卡范例见表5-9~表5-11。

表 5-9　水冷凝器焊接工艺卡 I

接头焊接工艺卡	焊接工艺顺序	焊接工艺卡编号	
		图号	WN26. 9-00
50° 3 2 1 7 4 19	1. 施焊前，应清除坡口及其两侧母材表面 20mm 范围内的氧化物、油污及其他有害杂质，焊条 150℃ 烘烤，保温 1h 2. 焊后彻底清渣、清除飞溅 3. 焊后自检	接头名称	封头与筒体的环形焊缝
		接头编号	C1、C2
		焊接工艺评定报告编号	PQR071001
		焊工持证项目	SMAW-Ⅱ-6FG-12/57-F3J

母材代号	Q235	厚度/mm	7	检验	序号	本厂	监检单位	第三方或用户
	Q235		19					

焊接位置	平焊			层-道	焊接方法	填充金属		焊接电流		电弧电压/V	焊接速度/(cm/min)	热输入/(kJ/cm)
施焊技术	摆动电弧焊接					牌号	直径/mm	极性	电流/A			
预热温度/℃	—			1	SMAW	J422	$\phi3.2$	AC	110~130	21~22	14~16	≤13.2
道间温度/℃	—			2	SMAW	J422	$\phi4.0$	AC	140~150	23~24	12~14	≤21.6
焊后热处理	—			3	SMAW	J422	$\phi4.0$	AC	150~160	23~24	12~14	≤21.6
后热	—											
钨极直径	—											
喷嘴直径	—											
脉冲频率	—											
脉宽比(%)	—											
气体成分	—	气体流量/(L/min)	—	—	—	—	—	—	—	—	—	—
			—	—	—	—	—	—	—	—	—	—

表 5-10 水冷凝器焊接工艺卡Ⅱ

接头焊接工艺卡	焊接工艺顺序	焊接工艺卡编号	
2.5 0~3 2 t 法兰 1 3~4	1. 施焊前,应清除坡口及其两侧母材表面 20mm 范围内的氧化物、油污及其他有害杂质,焊条 150℃ 烘烤,保温 1h 2. 焊后彻底清渣、清除飞溅 3. 焊后自检	图号	WN26. 9-00
		接头名称	喷嘴与法兰的环焊缝
		接头编号	C3、C4
		焊接工艺评定报告编号	PQR071001
		焊工持证项目	SMAW-Ⅱ-6FG-12/57-F3J

母材代号		厚度/mm		检验	序号	本厂	监检单位	第三方或用户
	Q235		2.5					
	Q235		—					

焊接位置	平焊			层-道	焊接方法	填充金属		焊接电流		电弧电压/V	焊接速度/(cm/min)	热输入/(kJ/cm)
施焊技术	摆动电弧焊接					牌号	直径/mm	极性	电流/A			
预热温度/℃	—			1	SMAW	J422	$\phi 2.5$	AC	90~110	20~21	10~12	≤7.9
道间温度/℃	—			2	SMAW	J422	$\phi 2.5$	AC	100~110	20~21	14~16	≤13.2
焊后热处理	—											
后热	—											
钨极直径	—											
喷嘴直径	—											
脉冲频率	—											
脉宽比(%)	—											
气体成分	—	气体流量/(L/min)	—	—	—	—	—	—	—	—	—	—
			—	—	—	—	—	—	—	—	—	—

表 5-11　水冷凝器焊接工艺卡Ⅲ

接头焊接工艺卡	焊接工艺顺序	焊接工艺卡编号	
2.5　45°±5°　7　0~1	1. 施焊前，应清除坡口及其两侧母材表面 20mm 范围内的氧化物、油污及其他有害杂质，焊条 15℃ 烘烤，保温 1h 2. 焊后彻底清渣、清除飞溅 3. 焊后自检	图号	WN26. 9-00
		接头名称	喷嘴与筒体之间的环焊缝
		接头编号	D1、D2、D3
		焊接工艺评定报告编号	PQR071001
		焊工持证项目	SMAW-Ⅱ-6FG-12/57-F3J

母材代号		厚度/mm		检验	序号	本厂	监检单位	第三方或用户
母材代号	Q235	厚度/mm	2. 5	检验				
	Q235		7					

焊接位置	平焊	层-道	焊接方法	填充金属		焊接电流		电弧电压/V	焊接速度/(cm/min)	热输入/(kJ/cm)
施焊技术	摆动电弧焊接			牌号	直径/mm	极性	电流/A			
预热温度/℃	—	1	SMAW	J422	ϕ2. 5	AC	90~110	20~21	10~12	≤7. 9
道间温度/℃	—	2	SMAW	J422	ϕ3. 2	AC	120~130	22~23	14~16	≤13. 2
焊后热处理	—									
后热	—									
钨极直径	—									
喷嘴直径	—									
脉冲频率	—									
脉宽比(%)	—									
气体成分	— 气体流量/(L/min) —	—	—	—	—	—	—	—	—	—
	—	—	—	—	—	—	—	—	—	—

典型焊接装配图的识读

对焊接结构装配图识读的基本要求：了解装配体的名称、作用、工作原理、结构及总体形状的大小；了解各零件、部件的名称、数量、形状、作用及它们之间的相互位置、装配关系以及拆装顺序；了解各零件的作用、结构特点、传动路线和技术要求等。

第一节　梁柱类构件结构图的识读

一、梁柱类构件的焊接特点

梁柱类构件由型材和板材焊接而成，其中“工”字形和箱形断面用得最多，主要承受弯矩作用，是组成各种建筑钢结构的基础。

超高层建筑和重型厂房是现代钢结构的主要结构形式，梁和柱则是它们的传统构件。当今的钢结构已不再是昔日的小梁、小柱，它们在焊接方面具有下列特点。

1）大量采用较先进的焊接方法。无论柱还是梁，都比较“短”，一律在车间里制作和焊接，到现场再安装和焊接，这就要求采用效率高、操作简便的焊接方法。例如在车间里焊接梁和柱时，大量采用单丝埋弧焊和双丝埋弧焊，焊接柱子时，也常常采用简易电渣焊，焊接梁、柱间连接用的连接板时，采用 CO_2 保护半自动焊；焊接柱内的隔板时，采用熔嘴电渣焊；到现场焊接连接板时，采用药芯焊丝自保护焊等。除了给埋弧焊缝封底外，很少用焊条电弧焊。

2）采用较多的 T 形接头或类似 T 形的接头。这样的焊缝对焊接裂纹是敏感的。在板厚大、约束大的构件中，这样的焊缝在板厚方向还易受拉应力，容易发生层状撕裂一类的焊接裂纹。对此，在确定焊接工艺时应采取适当的措施。

3）在梁与柱连接的部位，焊缝相对集中，容易产生焊接裂纹。在选择坡口形式、焊接顺序和焊接方法时，应特别注意。

4）设计钢结构时，应尽可能选用焊接性较好的低合金高强度钢（如国产的

Q345 钢、日本的 SM490 钢、美国的 A572-Gr50 钢、德国的 StE355 钢等）和碳素结构钢（如国产的 Q235A 钢、日本的 SM400 钢、美国的 A36 钢等）。

5）当今的超高层建筑钢结构和重型厂房钢结构广泛使用厚钢板，以及翼、腹板很厚的宽翼 H 型钢。厚构件焊接往往会遇到热裂纹（主要是凝固裂纹）和冷裂纹（包括延迟裂纹）的困扰，对此要采取相应的工艺措施。

二、梁柱类结构图识读实例

这里以如图 6-1 所示的立柱焊接结构为例来介绍梁柱类结构图的识读。

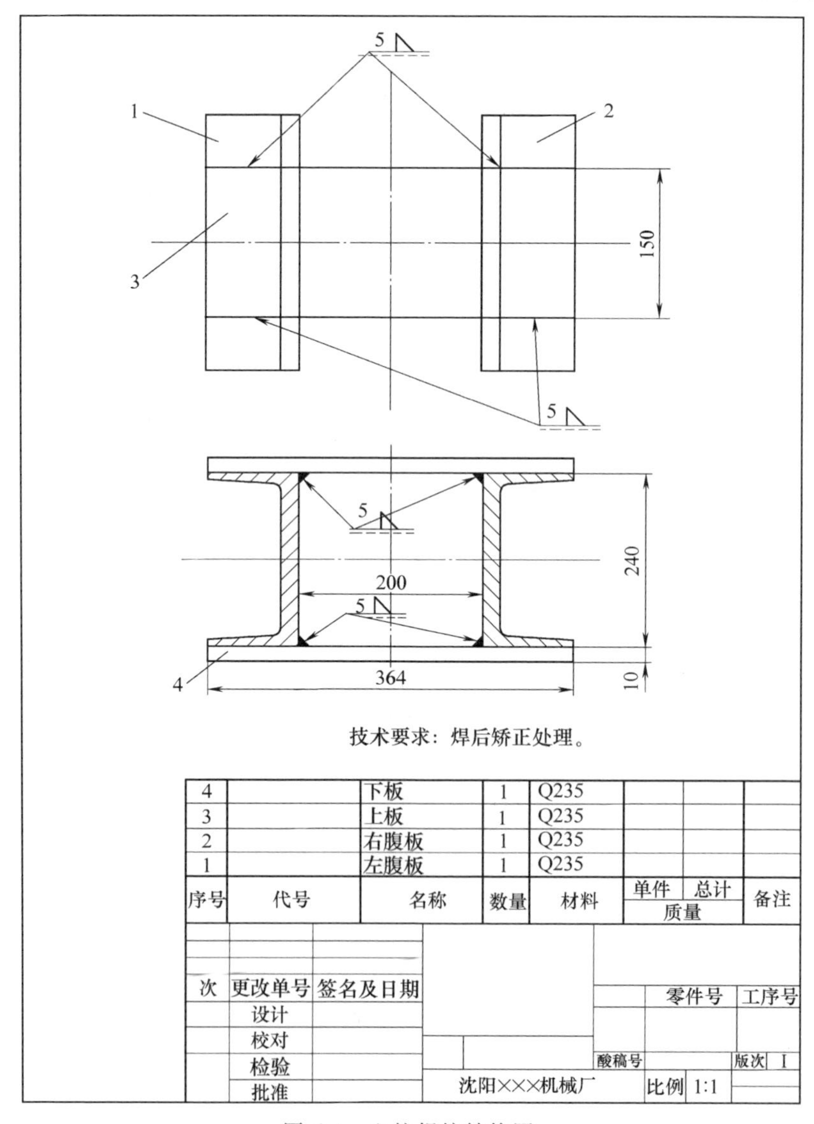

图 6-1　立柱焊接结构图

1. 概括了解

从图 6-1 所示的立柱焊接结构图中可以看出，梁柱类焊接结构多是用型钢、钢板等焊接而成。其制造过程与铸件、锻件不同，一般是从放样下料开始的，然后进行组装焊接。其中构件 1 和构件 2 是型钢，上、下盖板由板材剪裁而成。制造该结构件所用材料为 Q235 钢，板厚为 10mm。

2. 分析视图

为表达立柱的焊接结构形状，采用了两个视图，即主视图和俯视图。该结构较为简单。

3. 尺寸分析

长度和宽度方向尺寸基准都是中心线，高度方向尺寸基准是底面。符号 5 表示上述各件之间的焊缝为角焊缝，焊脚尺寸为 5mm。

4. 技术要求

要保证焊脚尺寸，焊后进行清渣和校正处理。

第二节　管道焊接结构图的识读

一、管道构件的焊接特点

管道通常是用来输送流体或气体物料的，广泛用于各个领域，尤其化肥、化工和炼油等工业。管道遍的焊接接头形式有对接接头、角接接头、搭接接头和异形接头等几种。可选用的焊接方法有手工氩弧焊封底加焊条电弧焊和埋弧焊、全位置熔化极半自动焊、热丝 TIG 全位置自动焊等。

二、管道结构图识读实例

以如图 6-2 所示的简单管道焊接结构图为例，来介绍如何识读管道结构图。

1. 概括了解

该实例结构件名称是锅炉弯管接头，由两个件组成，所用材料为 Q235B 钢和 20 钢。图 6-2 中为了表达锅炉弯管的内外结构，采用一个主视图和两处局部剖视图。用双点画线表示与接管相连的虹吸管的轮廓，其中接管和法兰采用焊接性较好的低碳钢（20 钢）和普通碳素结构钢（Q235B 钢），接管与虹吸管之间的焊缝为周围焊缝，焊脚尺寸为 6mm。

2. 分析尺寸

结构件垂直定位基准为法兰的上端面，定位尺寸为 400mm；水平定位基准

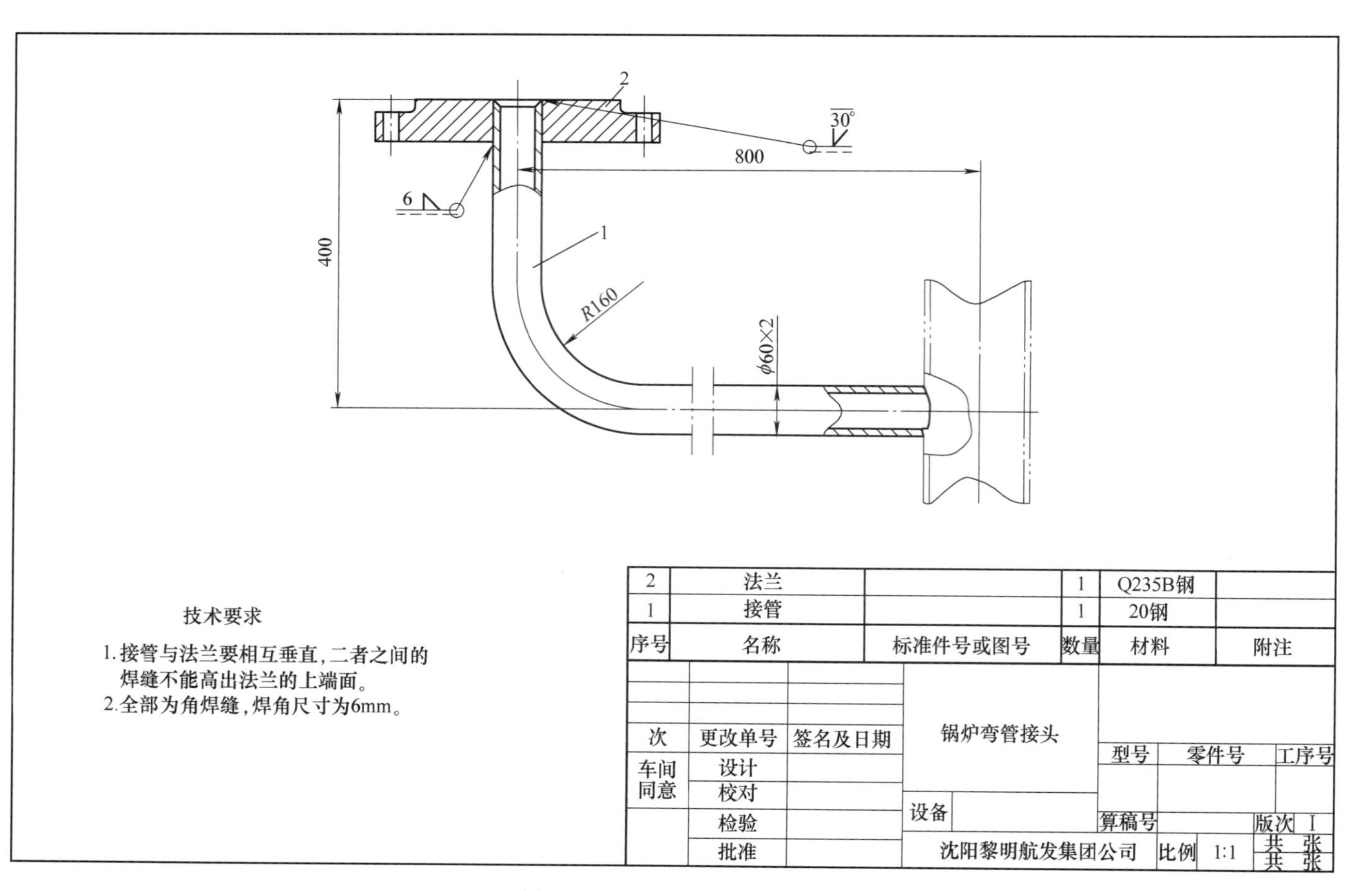

图 6-2　锅炉弯管接头结构图

为接管轴线，定位尺寸为 800mm。法兰和接管之间的焊缝为周围焊缝，坡口角度为 30°，焊缝上表面要求平整。

3. 技术要求

接管与法兰要互相垂直，二者之间的焊缝不能高出法兰的上端面。全部为角焊缝，焊脚尺寸为 6mm。

第三节 车体构件焊接结构图的识读

铁路车辆是用以运输旅客和货物的运载工具，是沿着铁路轨道运行的活动结构物。按其用途可分为客车和货车两大类。铁路车辆供旅客乘坐或装载货物的部分称为车体。车体钢结构主要采用焊接结构，主要由底架、侧墙、端墙、车顶、车门和车窗等几部分组成。车体钢结构由许多纵梁和横梁组成，车体钢结构承担了作用在车体上的各种载荷，一般结构形式如图 6-3 所示。

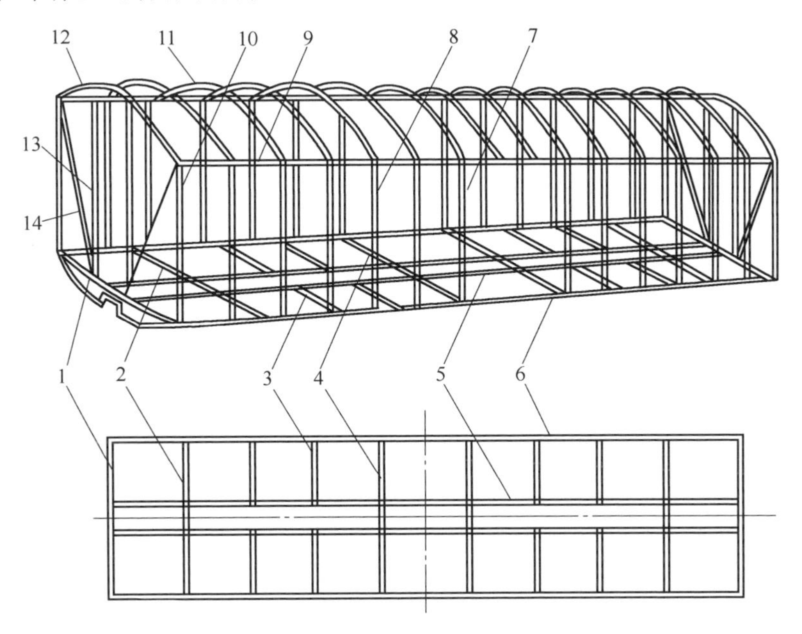

图 6-3 车体的一般结构形式

1—端梁 2—枕梁 3—小横梁 4—横梁 5—中梁 6—侧梁 7—门柱 8—侧柱 9—上侧梁 10—角柱 11—车顶弯梁 12—顶端弯梁 13—端柱 14—端斜撑

一、车体结构的焊接特点

车辆在运行时，车体结构受到反复的冲击载荷和振动载荷，而且车体在钢轨上运行是“活动的结构物”。保证旅客及货物的运输安全是铁路车辆结构设计的首要目标，因此在设计和制造过程中应根据车体焊接结构的特点采取相应的措施。

1）焊接结构有较大的焊接应力和变形。由于焊接方法都是采用局部加热，因此不可避免地产生内应力和变形。焊接应力和变形不但可能引起工艺缺陷，而且在一定条件下将影响结构的承载能力，因此在设计中首先应该设计合理的结构形式，选用合适的材料，还要从工艺上分析焊缝的焊接先后顺序和施焊方向，使焊接残余应力降到最小；其次在焊后应进行去应力退火处理或采用振动去应力处理（VSR）。由于车辆体积庞大，结构复杂、焊缝分布不匀且不对称，焊后产生变形是必然的，因此车体的各主要部件都要在刚性焊接夹具上进行装配与焊接，以减小焊接变形，同时还可确保组装质量，提高生产率。对超过技术条件规定的变形，必须进行校正。

2）焊接结构应力集中大。焊缝布置、焊接接头形式及焊缝形状必然影响到应力的分布，使应力集中在较大范围内变化。应力集中对结构的脆性断裂和疲劳破坏有很大的影响，因此在设计和制造车辆时，需采取措施以降低焊接接头区域的应力集中。在最大拉应力区域，应慎用横向拼接焊缝。尽可能避免搭接、断续焊缝、附垫板的对接及其他足以引起应力集中的各种接头形式。宜选用对接接头形式，因为它能保证应力较均匀地分布。

3）如果车体结构较简单，且相同焊缝多，则适合于在流水线上进行批量生产。此时，可广泛采用 CO_2 气体保护焊或埋弧焊。

4）在车辆结构的焊接生产中广泛应用装配设备——焊接胎架和工艺装备。通常将车体钢结构分解成若干部件，在部件组焊后，再进行总装焊。在零、部件制造和最后总装焊中采用胎架和装焊工艺装备，可显著提高焊接装配的质量和生产率。而工艺装备的作用，有的是控制装配尺寸精度，有的是控制焊接变形或预制反变形，也有的仅起到回转的作用，将所焊的焊缝变位到最易操作的平焊或船形焊位置，避免了仰焊、立焊、横焊等困难的操作。

5）由于材料供应规格的限制，在制造过程中必然遇到板的拼接。此时要严格按设计规定制备坡口，按工艺要求进行焊接，使拼接件达到规定的焊缝尺寸。对中梁等重要梁件的对接焊缝，还要进行严格的无损检测。

6）为防止钢材在车辆制作过程中的锈蚀，须对车体结构用钢采取喷丸除锈、涂底漆等保护措施。

7）新颖材质的选用。国内外已尝试采用合成材料来制造车体承载结构，这是由于合成材料更轻，具有更高的比强度。

随着在铁路工程上采用的焊接新材料、新设备和新工艺的增多，在车辆的制造中也采用了许多新的焊接方法。如长钢轨的焊接，过去常用铝热焊法，而今可用加压气焊、闪光对焊及药芯焊丝自保护窄间隙焊等。奥地利维也纳一工厂制成的自动推进式闪光焊机，在车头上装载闪光焊的装置和焊接电源，车头在铁道上行驶就可完成钢轨的闪光对焊。

二、车体焊接结构图识读实例

底架是车体的主要组成部分，由牵引梁、风道梁和座梁组焊成底架中部的受力部件；由两根侧梁和四根拉杆座梁把中部各梁组焊成底架的主体框架。以图 6-4 所示为例来说明其焊接结构图的识读过程。

1. 概括了解

图 6-4 所示为底架侧梁焊接结构，长为 16520mm，由槽钢与钢板组焊成的箱体。箱体内焊有隔板以增加侧梁的强度与刚度，隔板的厚度为 6mm，一共有 10 个，分别位于 1177mm 处一个，之后每间隔为 1770mm 安置一个，工件材料为 Q355GZ 钢。

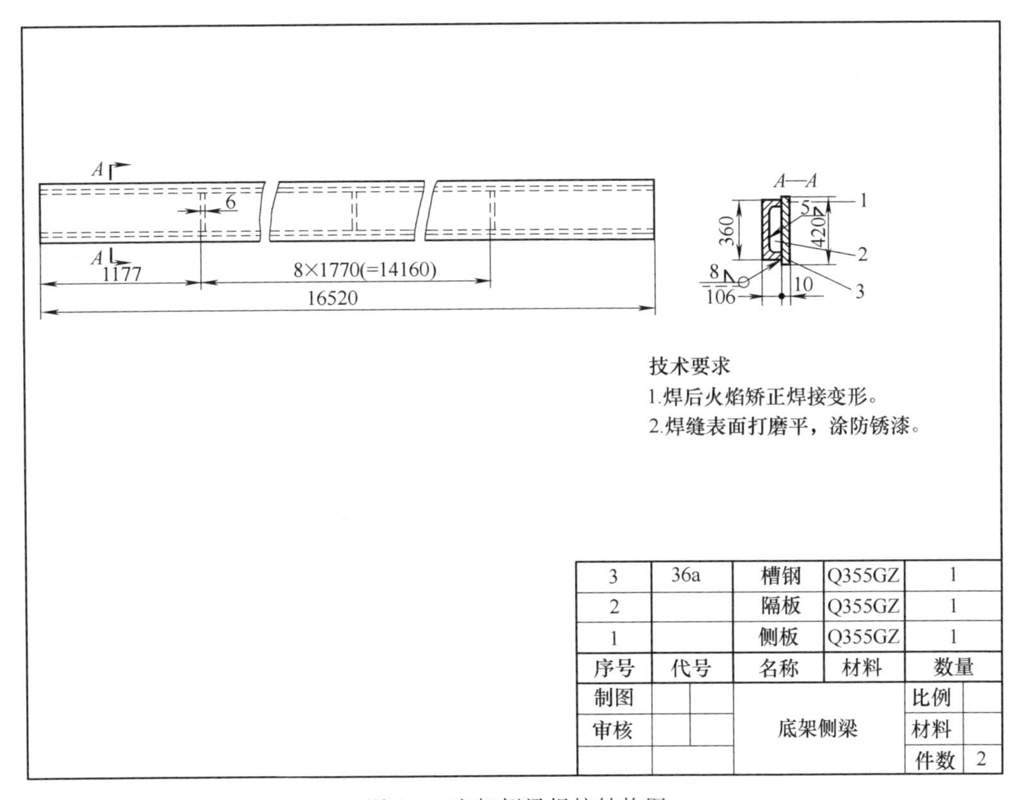

图 6-4 底架侧梁焊接结构图

2. 分析视图

为了清楚地表达焊缝位置和要求，对图样尺寸标注进行了简化处理。该图由主视图和右视断面图组成。槽钢与侧板之间焊缝为角焊缝，焊脚尺寸为 8mm，并且沿着工件周边施焊；槽钢与隔板之间也是角焊缝，焊脚尺寸为5mm。

3. 技术要求

侧梁长度达到16520mm，槽钢高度为360mm，焊后会出现波浪变形，隔板有10个，焊缝集中，易出现应力集中，因此要进行焊后火焰矫正和热处理，并将焊缝表面打磨平，涂防锈漆。

第四节　压力容器焊接结构图的识读

一、压力容器的焊接特点

压力容器是内部或外部承受气体或液体压力的密封形结构件。它在工业生产中占有极重要的地位，在化工、石油、电站设备（包括火电和核电）中用得最多。压力容器的种类很多，如在石油、化学工业中的各种反应器、分离器和合成塔，电站锅炉中的锅筒，核电站回路主设备中的反应堆压力容器、稳压器和蒸汽发生器，电站辅助设备中的高、低压给水加热器、冷凝器、除氧器，还有各种各样的换热器等。

压力容器运行的安全可靠性特别重要，对压力容器的焊接接头有很高的技术要求。这些要求基本上反映在两个方面：第一是焊缝金属和热影响区应具有足够好的力学性能（包括强度、塑性和韧性）；第二是焊接接头中不存在不允许的裂纹等缺陷。

焊接接头（包括焊缝金属）的强度性能和冲击韧度，通常在产品的设计技术条件中做出规定。这些性能指标通常与压力容器材料的性能指标相一致，但也有由产品技术条件单独做出规定的。焊接接头的力学性能除强度、冷弯角和冲击韧度外，有时还规定高温强度、无延性转变温度以及根据压力容器具体工况而补充提出的一些特殊要求，如断裂韧性、抗疲劳性能、辐照脆化敏感性和耐腐蚀性能等。

一般说来，焊缝金属和焊接接头的性能与选用的焊接材料、焊接参数和焊接热过程（预热、层间温度、焊后热处理）等因素有关。譬如，为获得高韧性，焊接材料应选用碱性材料，焊条通常采用碱性低氢型的，焊剂的碱度也应采用稍高的；焊接热输入应稍低一些；为防止产生裂纹，对于不同材料和接头形式采用足够高的预热温度；为不使接头的韧性恶化，还要限制层间温度；为消除焊接应力，改善接头的组织和性能，较厚的接头和低合金高强度钢还须进行焊后热处理等。因此在焊接生产前，对首次使用的材料应进行仔细的包括材料焊接性试验在内的焊接工艺试验工作，以确定合适的焊接方法、焊接材料、焊接参数、预热和层间温度以及焊后热处理规范等。

除了焊接接头的各项性能要符合产品的技术要求外，焊缝和热影响区还必须没有产品技术条件规定不允许存在的缺陷，尤其不允许各种焊接裂纹的存在。对于压力容器，焊缝的外观质量也很重要，焊缝尺寸不够、余高过大、焊缝表面粗糙、成形不规整、焊趾部位咬边、焊缝气孔、焊瘤、背面未焊透、焊穿和疏松等缺陷均会削弱焊接接头承受负荷的能力。有些重要的压力容器，要求将焊缝的表面修磨至与母材平齐或与母材圆滑过渡。焊缝和热影响区的表面裂纹是不允许存在的。

二、压力容器焊接结构图识读实例

以图 6-5 所示的压力容器焊接结构为例来说明压力容器结构图的识读要点。

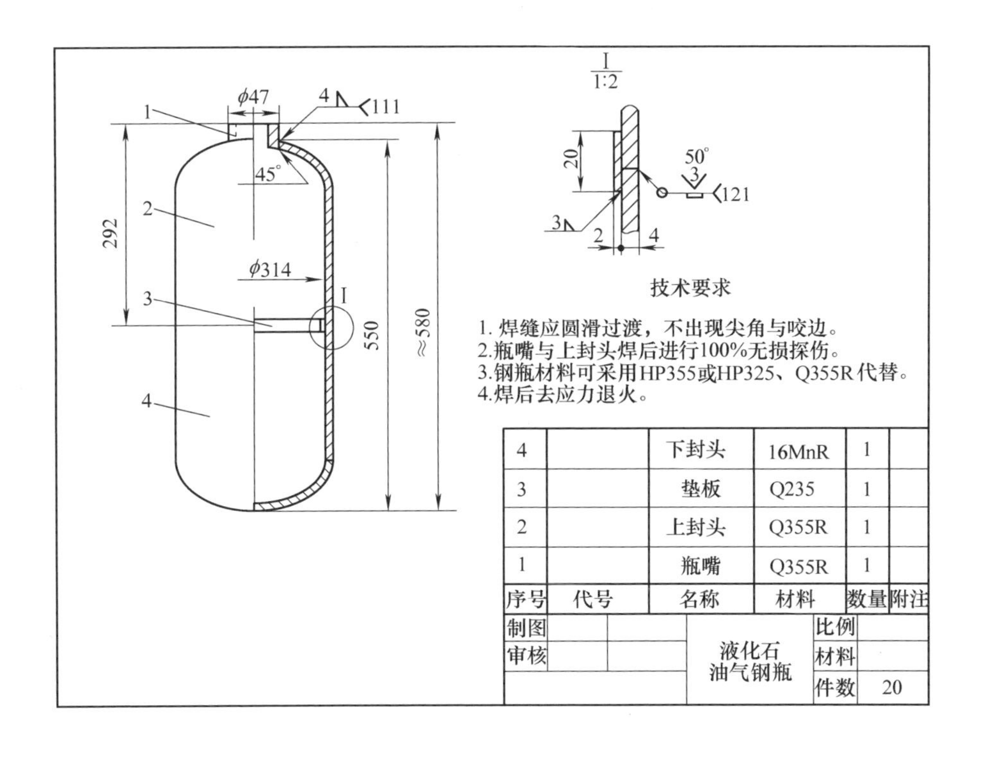

4		下封头	16MnR	1	
3		垫板	Q235	1	
2		上封头	Q355R	1	
1		瓶嘴	Q355R	1	
序号	代号	名称	材料	数量	附注

制图			液化石油气钢瓶	比例	
审核				材料	
				件数	20

图 6-5 压力容器焊接结构图

1. 概括了解

该结构件名称为液化石油气钢瓶，所用材料为低合金结构钢中的容器用钢 Q355R，属于单层压力容器。由 4 个件组焊而成，与其他两个零件（护罩和底座）组焊后作为家用液化气瓶。在施焊时，先组焊垫板与下封头，再进行上、下封头的焊接，实现单面焊双面成形，保证总体质量。

2. 分析视图

为了表达钢瓶的内外形状，共用了两个视图，其中一个为主视图，另一个为局部放大图。主视图中采用了半剖，表达了钢瓶环焊缝的位置，局部放大图表达上封头、下封头与垫板的结构及焊缝的形状。

3. 尺寸分析

液化气钢瓶的内径为314mm，高度约为580mm。

50° 3 121 表示焊缝为整圈对接焊缝，焊接间隙为3mm，坡口角度为50°，有垫板，焊接方法为埋弧焊（121）。

4 111 表示焊缝为角焊缝，焊脚尺寸为4mm，焊接方法为焊条电弧焊（111）。

4. 技术要求

瓶嘴与上封头组焊后高度为292mm，整个钢瓶焊完之后要进行无损检测，焊后要去除应力退火。焊缝过渡要光滑，避免产生应力集中。

第五节　薄板构件焊接结构图的识读

一、薄板构件的焊接特点

在汽车、家电、轻工、航空、航天、仪器和仪表等工业中，广泛应用薄板焊接构件。其壁厚为0.1~2mm，材料大多为低碳钢、低合金钢和不锈钢，也有用铝和铝合金、铜和铜合金、钛和钛合金，以及镀锌、镀锡钢板等的。上述构件大部分为批量生产，因此要求采用高效、低成本的机械或自动焊接方法。

薄板构件的焊缝分为密封性和非密封性两大类。前者用于盛装固体、液体或气体，虽然压力不高，但不能有任何泄漏，后者要求有一定的刚度或强度。由于薄板焊接容易变形，为保证产品结构形状、尺寸和外观要求，必须重视接头形式设计、焊接方法选用及工装夹具的应用。

薄板焊接方法主要根据材质、板厚、接头形式、焊接质量和生产规模确定。可供选用的焊接方法有：气焊、焊条电弧焊、钨极氩弧焊、熔化极气体保护焊、点焊、缝焊、垫片缝焊、加丝缝焊、压平缝焊、高频对接焊、凸焊、螺柱焊、钎焊、微束等离子焊、激光焊和电子束焊等。

二、薄板构件焊接结构图识读实例

以图6-6所示的薄板构件焊接结构为例来介绍焊接结构图的识读过程。

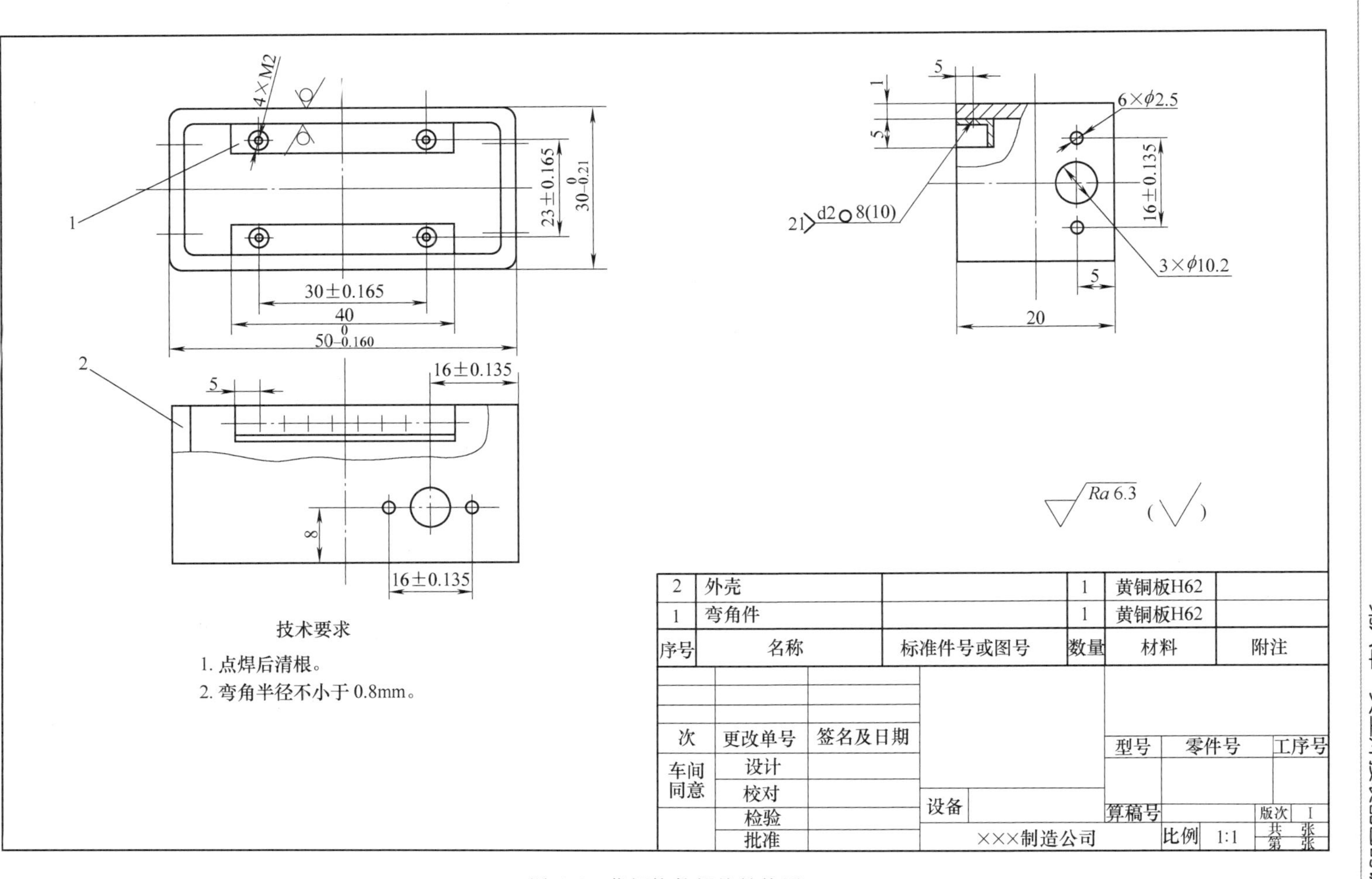

技术要求

1. 点焊后清根。
2. 弯角半径不小于 0.8mm。

序号	名称	标准件号或图号	数量	材料	附注
2	外壳		1	黄铜板H62	
1	弯角件		1	黄铜板H62	

次	更改单号	签名及日期		型号	零件号	工序号
车间同意	设计					
	校对		设备	算稿号		版次 I
	检验					
	批准		×××制造公司	比例	1:1	共 张 第 张

图 6-6　薄板构件焊接结构图

1. 概括了解

该构件是电子仪器中用来屏蔽高频干扰的零件，由薄金属板焊接而成。薄板制件一般采用电阻焊。电阻焊又分为点焊、对焊和缝焊等，本例中采用点焊。

2. 分析视图

为了表达清楚，采用主视图、俯视图和左视图，并有两处局部剖视图。外壳厚度为1mm，弯角件厚度也是1mm，采用点焊连接，焊点直径为2mm，共有8处焊点，间距为10mm。21代表电阻点焊。

3. 技术要求

该件要求点焊后进行清根处理，弯角件的弯角半径不小于0.8mm。

焊接结构件的展开图

第一节　基础知识

在焊接生产中，放样、划线与号料是原材料切割下料前的准备工序。

一、放样

对于结构复杂和特殊形状的零件，划线前应先进行放样。按照设计图样在放样平台上，将其局部或全部按 1：1 的比例画出结构部件或零件的展开图形。

焊接结构中很多零件是带曲面的，划线前就必须把零件曲面摊平在一个平面上，形成零件展开图。放样时，应考虑焊接结构制造工艺特点，如焊接的收缩变形、各种加工余量等，以便确定零件划线时毛坯的实际尺寸。

放样是按画好的展开图制作样板的过程。画展开图的方法有图解法、计算法和计算机辅助法等。

1. 图解法

对于柱面、锥面和盘旋面这三种曲面，从理论上可以准确地展开为平面。曲面和它的展开图之间存在着等距对应关系，即展开前后，展开图与曲面面积相等，称为可展曲面。

球面、螺旋面只能近似展开，称为不可展曲面。一般是把被展开曲面划分为适当大小的曲面片，将每个曲面近似看作柱面或平面等某种可展开曲面，按投影原理画出零件的相关视图，在视图中画若干辅助线，求取实长、实形或相贯线等，然后画出展开图。

2. 计算法

根据零件的已知几何尺寸，推导计算形成零件展开图样需要的几何尺寸参数。对于可展曲面，一般可以直接推导出展开图上边界曲线的方程。对于不可展曲面，可计算出近似展开所需的长度、半径等几何参数，绘制零件的展开图。

3. 计算机辅助法

计算机辅助展开放样方法有两种：一种是通过编程由计算机进行运算得到数据，根据数据进行展开放样；另一种是研究开发计算机辅助展开放样系统。利用计算机辅助展开放样系统、计算机编程自动切割系统，把划线、切割等工序一次完成，是高效而经济的先进加工方法，是焊接结构制造中金属材料展开放样（下料）的发展方向。

二、划线

划线是根据设计图样及工艺上的要求（如留取加工余量、焊缝收缩量等），按 1∶1 的比例，将待加工工件形状、尺寸及各种加工符号划在钢板或粗加工的坯料上的加工工序。

1. 划线时的板厚处理

各种展开原理与方法均是不考虑厚度的，而设计曲面总会有一定板厚。当板面厚度较大时，展开中就应考虑板厚对板面的展开长度和两板面接口处形状的影响，以保证产品的形状符合设计要求。因此在划线、号料时，为消除和减小板厚对所制工件尺寸和形状造成的影响，必须采取相应的措施进行板厚的处理。

（1）板料的板厚处理　不同形状构件的板厚处理见表 7-1。当板厚≤1.5mm 时，可以忽略板厚的影响。

表 7-1　不同形状构件的板厚处理

类型名称	图形		处理方法
	零件图	放样图	
圆管类	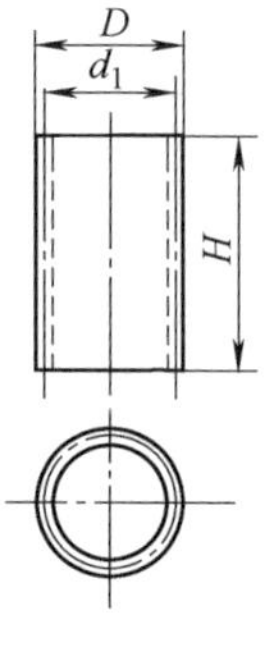 D　d_1　H	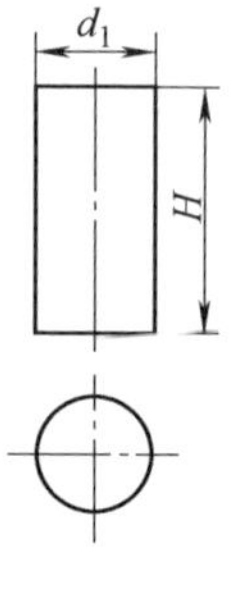 d_1　H	1. 断面为曲线形状，其展开长度以中径 d_1 为准计算（$R/\delta<4$ 除外）。放样图可只画出中径 2. 其高度 H 是不变化的 3. 展开长度 $L=d_1\pi$

（续）

类型名称	图形		处理方法
	零件图	放样图	
矩形管类	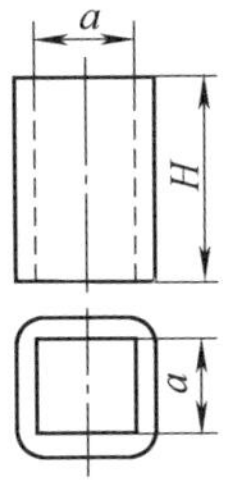	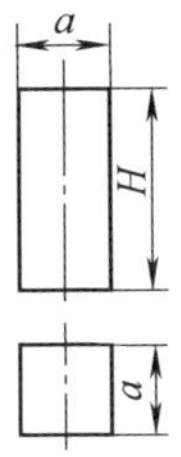	1. 断面为折线形状，其展开以内壁 a 为准计算，放样图画出内壁即可 2. 其高度 H 不变化
圆锥台类	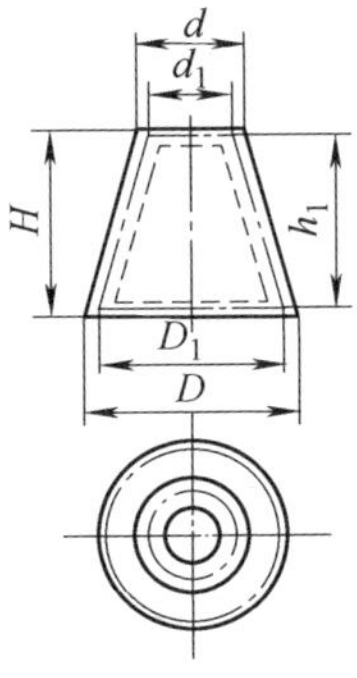	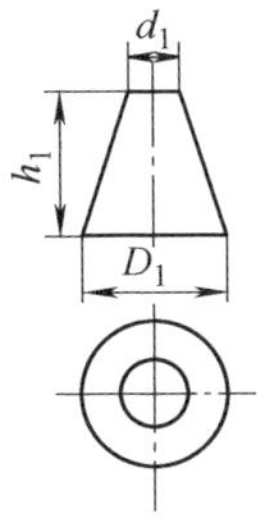	1. 上、下口断面均为曲线状，其放样图上、下口均以中径 d_1、D_1 计算 2. 因侧表面倾斜，其高度以 h_1 为准
棱锥台类	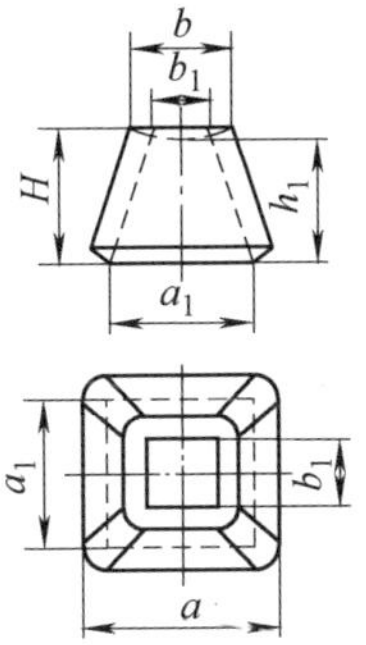	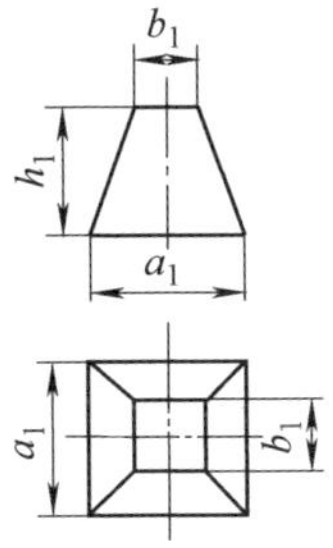	1. 上、下口断面为折线状，其放样图上、下口均应以内壁 a_1、b_1 为准 2. 因侧表面倾斜，其高度以 h_1 为放样基准线
上圆下方类	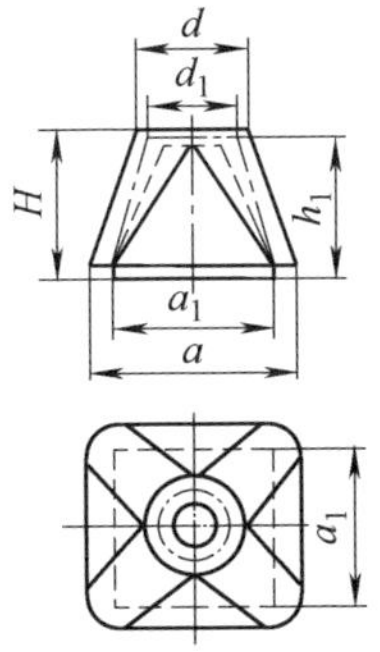	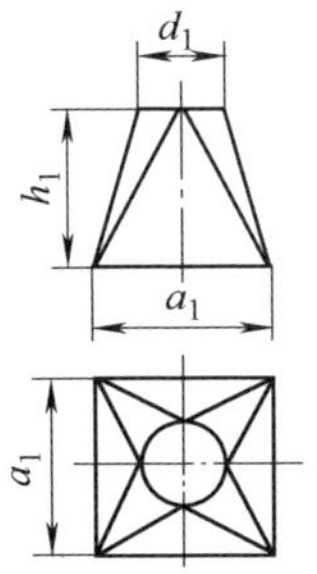	1. 上口断面为曲线状，放样图应取中径 d_1；下口断面为折线状，其放样图应以内壁 a_1 为准 2. 因侧表面倾斜，其高度以 h_1 为放样基准线

（2）两构件接口处的板厚处理　构件由两个以上的形体相交的结合处即为接口。接口分为不开坡口和开坡口两种情况。

1）两圆管形成 90°接口（不开坡口）。若不进行板厚处理，接缝的中部有一定的缝隙（称为缺肉），弯头的夹角将小于 90°，如图 7-1 所示。当内侧半圆按外径展开（外接触），外侧半圆按内径展开（内接触）时，可得到如图 7-2 所示较满意的效果。

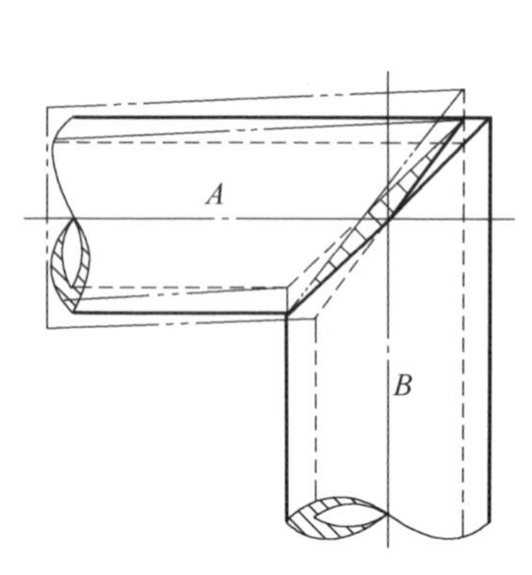

图 7-1　90°圆管弯头接口（未进行板厚处理）

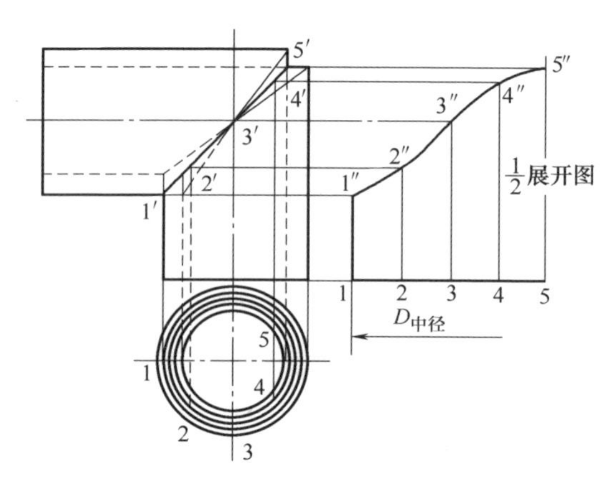

图 7-2　90°圆管弯头接口（进行板厚处理）

2）两圆接管形成 90°接口（开坡口）。开对称无钝边 X 形坡口时，完全是板中心层部分接触。展开时按中心层的尺寸展开就可以。

3）两圆筒形构件相交形成接口（如三通管）。垂直相交时，支管以内径展开，主管孔以外径展开。斜交时，按 1）、2）两项的展开原则处理。

为了保证构件相连接时装配尺寸和形状的准确，在展开放样时，必须要进行板厚处理。而接口处的板厚处理，应根据构件的结构形状特点和焊接坡口的要求进行正确分析，其展开尺寸以接触部位的尺寸为准。

2. 划线时的余量处理

展开图的形状和尺寸是零件的设计尺寸（是加工之后的尺寸）；样板的形状和尺寸是零件加工前的坯料尺寸，它是由零件的设计尺寸、工艺余量和加工余量组成的。

（1）工艺余量　零件在加工过程中，由于工艺条件和工艺因素的影响而造成的尺寸变化和偏差，主要是焊缝收缩余量和成形后的修边余量。

焊缝收缩余量的大小与焊缝的数量、尺寸、形式及工件的厚度、尺寸、形状、材料性质、焊接方法、焊接参数等许多因素有关。在划线及制作样板、样杆时，必须考虑焊接变形收缩量，以保证构件尺寸。焊缝收缩量可参考表 7-2。

表 7-2　焊缝收缩量

焊缝横向收缩量近似值							
接头形式	板厚/mm						
	3~4	4~8	8~12	12~16	16~20	20~24	20~30
	收缩量/mm						
V 形坡口对接接头	0.7~1.3	1.3~1.4	1.4~1.8	1.8~2.1	2.1~2.6	2.6~3.1	—
X 形坡口对接接头	—	—	—	1.6~1.9	1.9~2.4	2.4~2.8	2.8~3.2
单面坡口十字接头	1.5~1.6	1.6~1.8	1.8~2.1	2.1~2.5	2.5~3.0	3.0~3.5	3.5~4.0
单面坡口角接头	0.8			0.7	0.6	0.4	—
无坡口单面角焊缝	0.9			0.8	0.7	0.4	—
双面断续角焊缝	0.4	0.3		0.2	—	—	—
焊缝纵向收缩量近似值/(mm/m)							
对接焊缝	0.15~0.30						
连续角焊缝	0.20~0.40						
断续角焊缝	0~0.10						

注：1. 搭接焊缝取 0.15~0.20mm；

2. 肋板焊缝取 0.5mm（当有装配间隙时，应考虑装配间隙的抵消作用）。

修边余量指的是在变形加工时，由于影响变形的因素很多，难以掌握工件的形状而预先加放的余量。该余量待加工件成形后，再按正确的尺寸进行二次划线，予以去除。这个预留量的大小取决于设备的加工能力、工艺条件和生产技术水平，一般在 20~50mm 范围选取。

（2）加工余量　主要包括切割余量、边缘加工余量。

切割余量（即切割时切口的宽度）的大小取决于板厚和切割方法，可按表 7-3 选取。切割后边缘需机械加工（如刨边、端铣等）时，按表 7-4 留取余量。

表 7-3　各种加工方法的切割余量　　（单位：mm）

材料厚度	火焰切割		等离子弧切割	
	手工	自动及半自动	手工	自动及半自动
<10	3	2	9	6
12~30	4	3	11	8
32~50	5	4	14	10
52~65	6	4	16	12
70~130	8	5	20	14
135~200	10	6	24	16

表 7-4　边缘加工余量　　（单位：mm）

不加工	机械加工		去除下料热影响区
	板厚≤25	板厚>25	
0	3	5	>5

三、号料

号料是用放样所得的样板或样杆，在原材料或经粗加工的坯料上划下料线、加工线、检查线及各种位置线的工艺过程。在钢材上直接划线或用样板（杆）进行号料时的公差要求见表 7-5。

表 7-5　划线、号料偏差

尺寸名称	长度	宽度	两端孔心距	相邻孔心距	两排孔心距	冲子印与孔心偏差	冲子印与线偏差
上偏差/mm	0	0	0	0.5	0.5	<0.5	0.5
下偏差/mm	-1	-1	-1	-0.5	-0.5		-0.5

第二节　可展曲面的展开

可展曲面的展开图画法有三种，即平行线法、放射线法和三角形法。三者均是利用作图法将金属板壳构件的表面全部或局部按其实际形状和大小，在同一平面上，依次铺成平面图形的绘图方法。在工程中可根据工程构件的特点，选择合适的展开图画法。

作图法的共同特点均是先按立体表面的性质，用直素线将待展表面分割成许多小平面，用这些小平面去逼近立体表面。然后求出这些小平面的实形，并依次画在平面上，从而构成立体表面的展开图。

一、平行线法

当立体表面（平面或曲面）上所有的棱线或素线在同一投影面上的投影为彼此平行的实长线时，可以应用平行线展开法。

用平行线法画展开图的作图原理是立体表面由若干彼此平行的直线（直素线）构成，即可将其表面看作是由无限多个梯形或矩形平面组成的。

当构件由棱柱面、圆柱面等柱状面构成时，假想沿构件的某条棱线或素线将构件切开，然后将构件的表面沿着与棱线（素线）垂直的方向打开，并依次摊平在同一平面上，所得的轮廓形状即为构件的展开图，如图 7-3 所示。

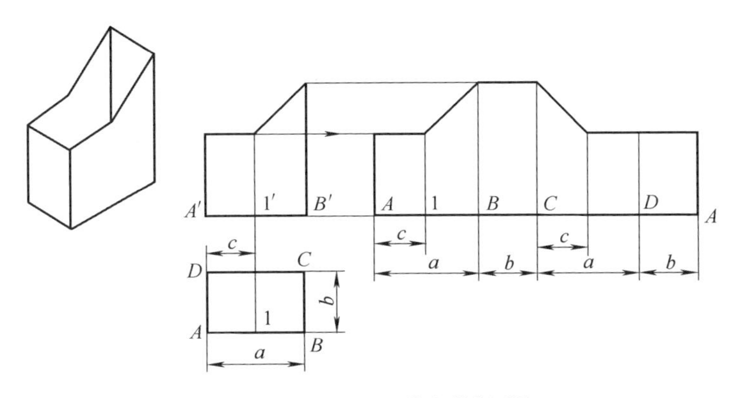

a) 顶部切缺矩形管

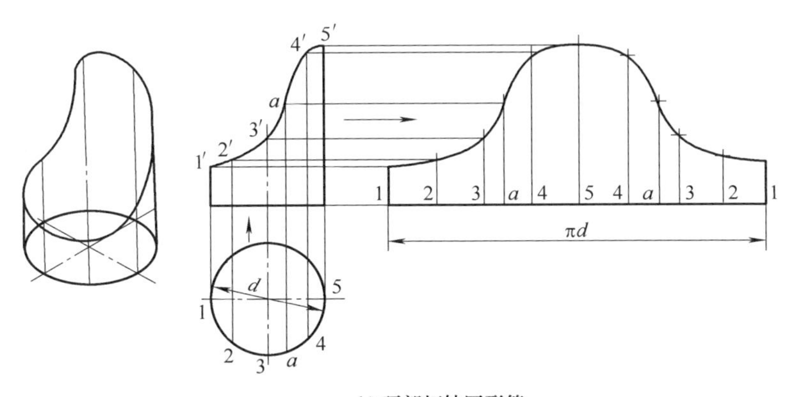

b) 顶部切缺圆形管

图 7-3　用平行线法作展开图

用平行线法作展开图的大体步骤如下。

1）作构件投影图。首先作构件的主视图和断面图，用主视图可表示出构件的高度，用断面图可表示出构件的周围长度。

2）求作结合线。将断面图分成若干等份（如为多边形，则以棱线为交点），等分点越多展开图越精确，当构件断面或表面上遇折线时，必须在折点处加画一条辅助平行线（图 7-3a 的 1 点及图 7-3b 所示的 a 点）。

然后，再在平面上画一条水平线 A—A，使其等于底面的周长 $2(a+b)$，并截取两次 a、b 长度，且将长度 c 含在长度 a 内，并照录各分点，如图 7-3a 所示。

3）作展开图。由水平线上各点向上引垂线，并取各线长对应等于主视图上各素线的高度。最后用直线或光滑曲线连接各点，即可得出构件的展开图。

二、放射线法

所有锥体的侧表面，都是由交汇于顶点的直素线构成（棱锥的侧棱也可看作素线），因而所有锥体的侧表面都可用放射线法展开。由于锥体表面由无数条交汇于锥顶的直素线构成，即锥体表面可看作是由无限多个三角形平面组成的。

将锥体表面用呈放射形的素线分割成共顶的若干三角形小平面，求出其实际大小后，以这些放射形素线为骨架，依次将其画在同一平面上，即得所求锥体表面的展开图。适用于构件表面素线相交于一个共同点的圆锥、棱锥及其截体件。

如图 7-4 所示，正圆锥、平口圆锥管、斜口圆锥管的展开步骤大致如下：

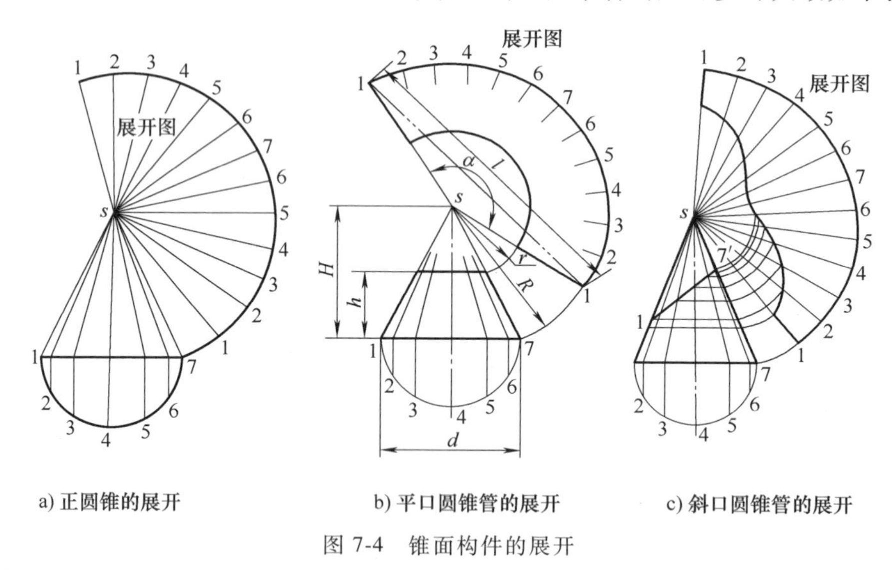

a) 正圆锥的展开　　b) 平口圆锥管的展开　　c) 斜口圆锥管的展开

图 7-4　锥面构件的展开

1）画出构件主视图及锥底断面图。

2）分割出数个三角形小平面。将断面图圆周分成若干等分（棱锥取角点），由等分点 2、3、4、5、6 或角点向主视图底边引垂线，得在锥底上的垂足 1~7，再由各垂足向锥顶引素线，分锥面为 12 个小三角形面。

3）求出素线截切部分的实长。以锥顶为中心到锥底实长作半径，画圆弧等于断面周长或周围伸直长度，并将所画圆弧按断面图的等分数划分等分（棱锥取边长），再由等分点向锥顶连放射线。

对于平口和斜口圆锥管，可过锥口与各素线的交点，作底口的平行线交于圆锥母线，则各交点至锥顶的距离即为素线截切部分的实长。

4）作展开图。在所画的各射线上，对应截取主视图上各素线的实长而得出各点。然后再通过各点连成光滑曲线或折线，即得到所求展开图。

对于平口和斜口锥管，先用各素线截切部分的实长，截切展开图上对应的素线而获得各点，再用光滑曲线连接展开图上各素线的切点，该曲线与原展开图圆弧线间的部分图形，即为平口和斜口圆锥管的展开图。

但是圆锥被斜截后，各素线长度不再相等，且用各素线的实长截切展开图上对应的素线长也不相等，因此斜口锥管展开图的形状不再是规则的环形。

三、三角形法

当立体的表面（包括平面或曲面）在三视图中均表现为多边形时，应用三角形法展开。把立体表面划分成若干小三角形，然后把这些小三角形按原来的相对位置和顺序依次铺平，则立体表面也就被展开了。

三角形法是以立体表面素线（棱线）为主，画出必要的辅助线，并将构件立体表面依复杂形状分成一组或多组三角形平面。然后，再求出每个三角形的实形，并依次画在平面上，从而得到整个立体表面的展开图。

用三角形法可展开平行线法和放射线法所不能展开的复杂表面构件，且适用于各类形体、一般平面立体表面，只是精确程度有所不同。图 7-5 所示的通风管道中的正四棱锥管，采用三角形法展开的基本步骤如下：

1）画出构件的主视图、俯视图和其他必要的辅助图。

2）作三角形图。利用三角形图可求出展开实长线，即求出各棱线或辅助线的实长，若构件表面不反映实形还需求出实形。

3）作展开图。按求出的实长线和断面实形作展开图，并在展开图中将各小三角形按主视图和断面图中的顺序和相邻位置依次画出。然后，再将所有有关的点，用曲线或折线连接即得展开图。

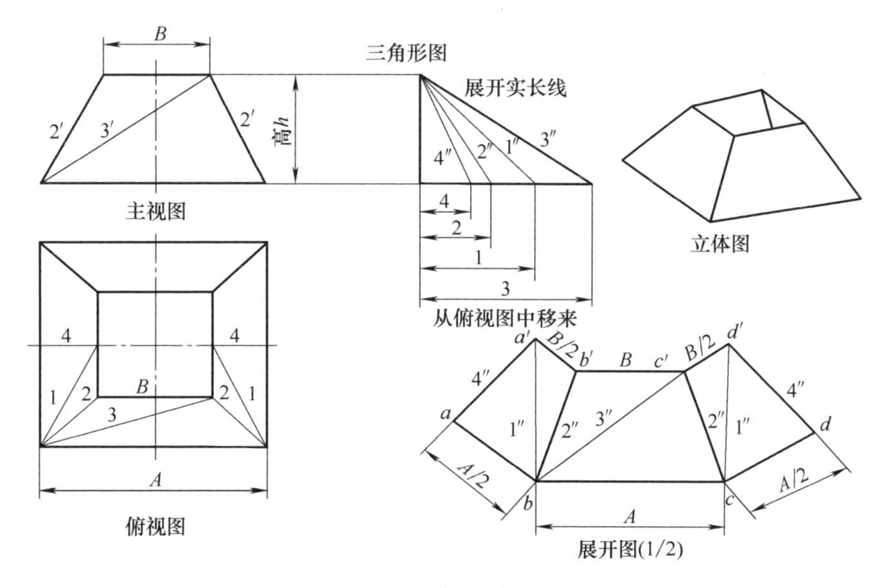

图 7-5　正四棱锥管的展开

第三节　不可展曲面的近似展开

球面和螺旋面均属于不可展曲面，在现场中多用近似方法作其构件的展开图。这种方法是假设不可展曲面构件的表面均由许多可展开的小平面拼接而成，再应用平行线法作小平面的展开图，则整个构件表面便被近似地展开了。

一、圆形弯管的展开

圆形弯管是不可展曲面，在工程上是将其截成若干段，把每小段当作一个近似的圆柱面来展开。

等径直角弯管的主视图如图 7-6 所示，其两端管口平面相互垂直。如图 7-7 和图 7-8 所示，可以将弯管近似看作由四段组成，中间的Ⅱ、Ⅲ段是两个全节，两端的Ⅰ、Ⅳ段是两个半节，四段都是斜口圆管。为了简化作图和省料，可把四节斜口圆管拼成一个直管来展开。

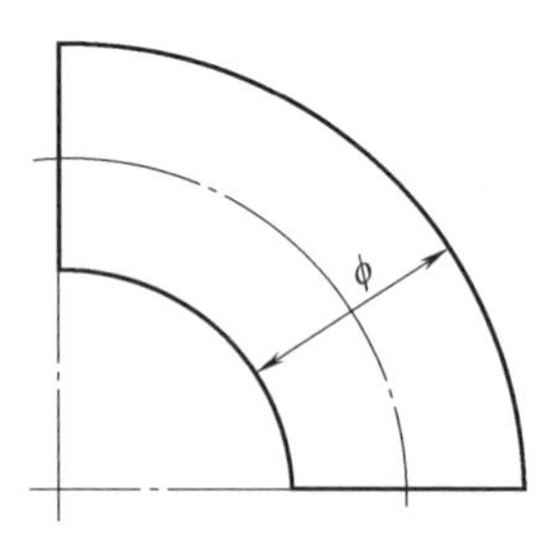

图 7-6　等径直角弯管的主视图（1/4 圆环面）

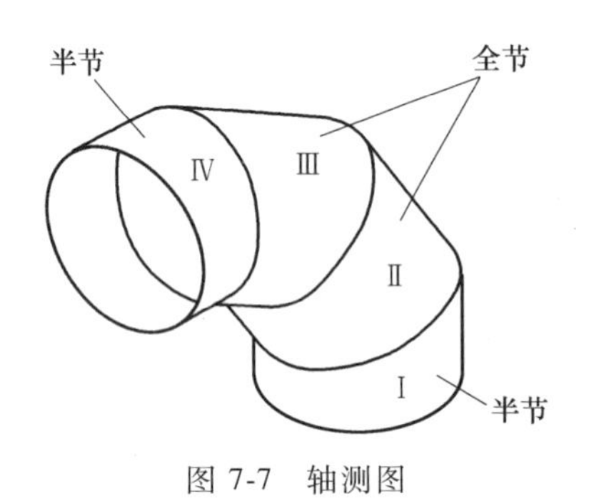

图 7-7　轴测图

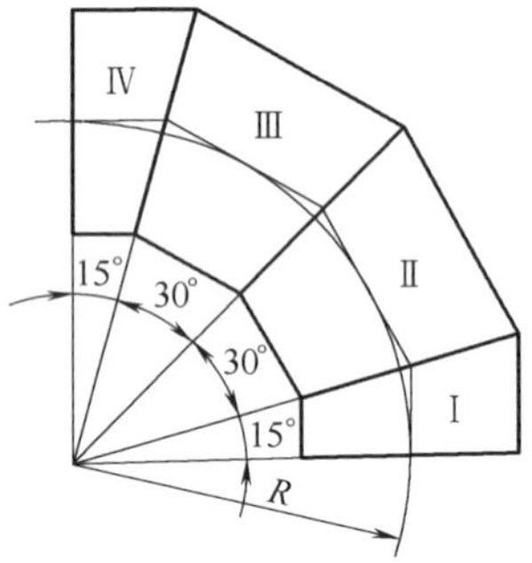

图 7-8　四段弯管的视图

1）先在直管视图的轴线上取等分点 a、b、c、d、e，各等分点之间的距离等于 h，过等分点 a、c、e 向左向右画 15°的斜线，将直管分成四段斜口圆管，如图 7-9a 所示。

2）将直管展开成一个矩形，再画出斜口圆管的展开曲线（其作图方法与图 7-3 相同），如图 7-9b 所示。

3）按展开曲线将各节切割分开后，将Ⅱ、Ⅳ两段绕轴线旋转 180°，按顺序将各节连接即可，如图 7-9c 所示。

二、球面的展开

球面分割方式通常有分瓣法和分带法两种，如图 7-10 所示。其中球面分割

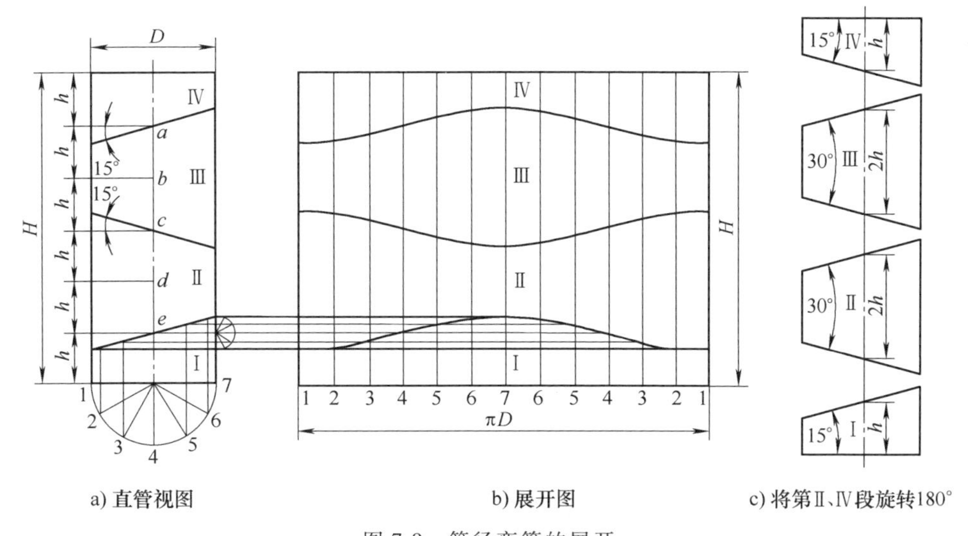

图 7-9　等径弯管的展开

数越多，分割每块料的大小越一致，拼接后越光滑，但相应的落料成形工艺越烦琐，因此分割数的多少应根据球面直径的大小而确定。

1. 球面分瓣法展开

分瓣法是沿经线方向分割球面为若干角瓣，每一角瓣大小相同，展开后为柳叶形如图 7-11 所示，具体作图步骤如下：

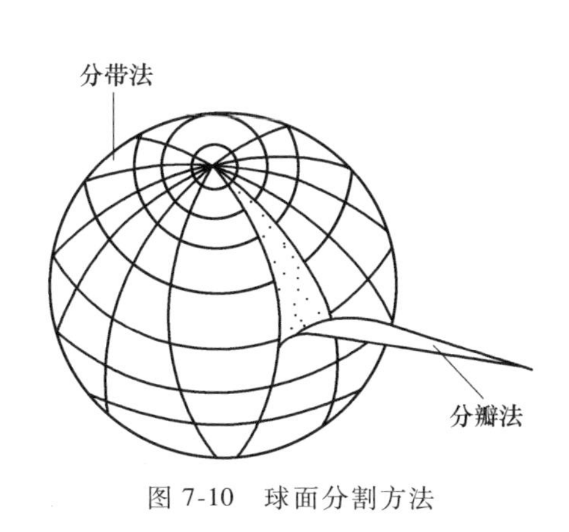

图 7-10　球面分割方法

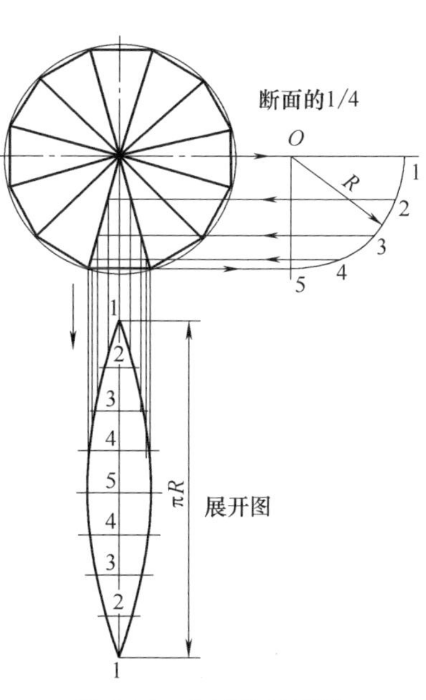

图 7-11　分瓣法展开图

(1) 作投影视图　用已知尺寸画出主视图和 1/4 断面图，并将主视图分成 12 瓣。将 1/4 断面图四等分，等分点为 1、2、3、4、5，由等分点向左引水平线，得与主视图的分瓣线的交点。

(2) 求分瓣线及展开图　在向下延长的竖直轴线上截取线段 1-1 等于断面图半圆周长，并八等分，过等分点 2、3、4、5、4、3、2 引水平线，与由分瓣线上各交点向下引的垂线对应相交，将这些交点分别连成曲线，即为一块板料展开图。

2. 球面分带法展开

分带法是先将球面沿纬线方向分割成若干个横带圈和两个极帽，再将各带圈近似看作圆柱面或锥面，然后分别作展开图，如图 7-12 所示。具体作法如下：

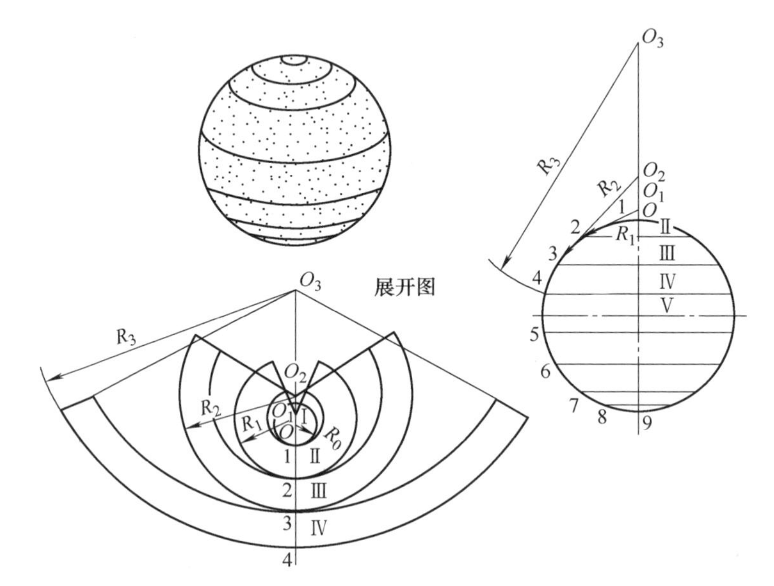

图 7-12　球面的分带法展开

(1) 作投影视图　用已知尺寸画出球面的主视图，十六等分球面圆周，并由等分点引水平线（纬线）分球面为两个极帽和七个带圈。

(2) 作球面各带展开图　由于球面中间带为圆筒，所以可用平行线法作其展开图，而球面其余各带圈均为正截圆锥管，故可用放射线法展开，展开半径为 R_1、R_2、R_3。展开半径的求法是，分别连接主视图圆周上 1-2、2-3、3-4 各线，并向上延长交竖直轴线于 O_1、O_2、O_3，从而得出 R_1、R_2、R_3 的长度，$R_1=O_12$，$R_2=O_23$，$R_3=O_34$。

(3) 作极帽展开图　以主视图球体顶部中心的 O 点为圆心，以 O-1 弧长为半径画圆，即为极帽的展开图。

3. 球顶封头的分瓣法展开

图 7-13a 所示为球顶封头立体图，该封头是由 10 块相同形状的板料拼装焊接而成，所以其展开图只作出一块即可，具体作图法如下。

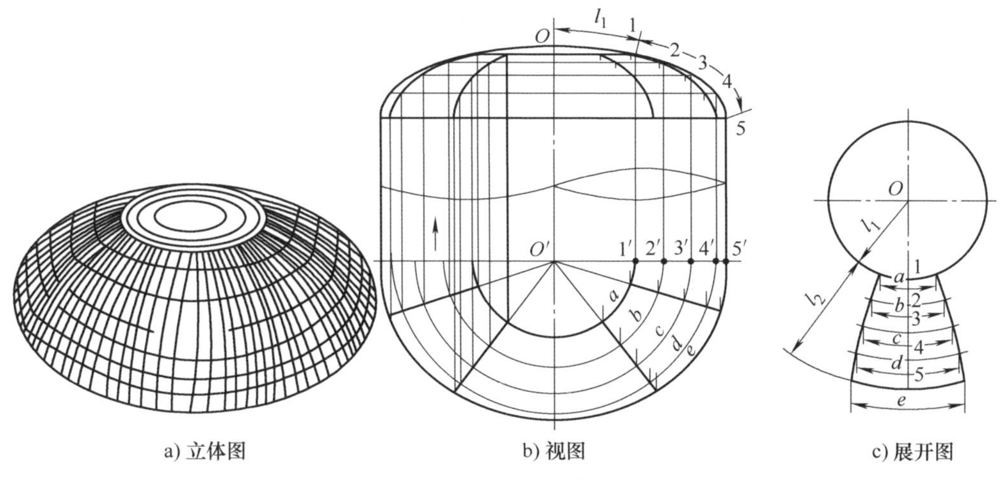

a) 立体图　　b) 视图　　c) 展开图

图 7-13　球顶封头的展开

（1）作视图及纬圆　先按已知板厚中心尺寸画出主视图和 1/2 俯视图，再四等分主视图的投影弧线，等分点为 1、2、3、4、5。由等分点向下引垂线，即可得出与俯视图水平中线的交点 1′、2′、3′、4′、5′。以 O'为圆心，分别过 1′、2′、3′、4′、5′点画弧，交分瓣线于各点，每瓣得 a、b、c、d、e 弧线。

（2）作一块展开图　如图 7-13c 所示，在竖直线上先后截取 O-1、1-2、…、4-5 各线长，分别等于主视图上 O-1 弧线、1-2 弧线、…、4-5 弧线的弧长，再以 O 点为圆心，O 点到 1、2、3、4、5 点的距离为半径画同心圆弧。然后以竖直线为对称轴左右截取各弧长，使其对应等于俯视图 a、b、c、d、e 的弧长，即可得出各点，连接各点光滑曲线即为所求展开图。

三、螺旋面的展开

正螺旋面是以直线为母线，以一螺旋线及其轴线为导线，又以轴线的垂直面为导平面的柱状面，如图 7-14 所示。圆柱正螺旋面是不可展开曲面，可采用近似展开法展开。

1. 三角形法展开

1）将一个导程的螺旋面沿径向十二等分，得到 12 个近似的四边形；取一个四边形 $abcd$，作对顶点连线 ac，得到两个三角形，如图 7-15 所示。

2）求出三角形三条边的实长 AB、CD、AC，如图 7-16 所示。

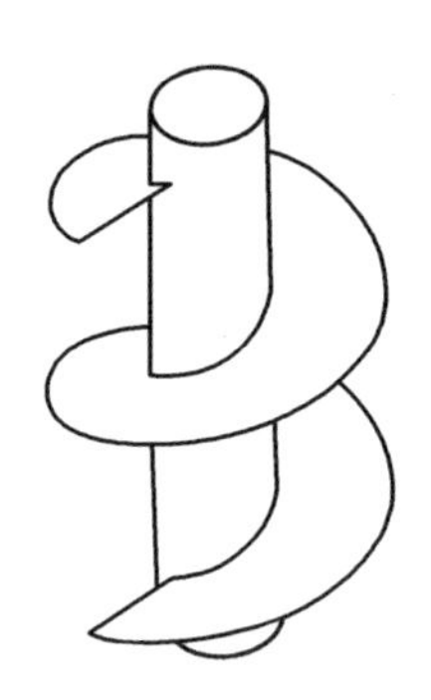

图 7-14　圆柱正螺旋面的轴测图

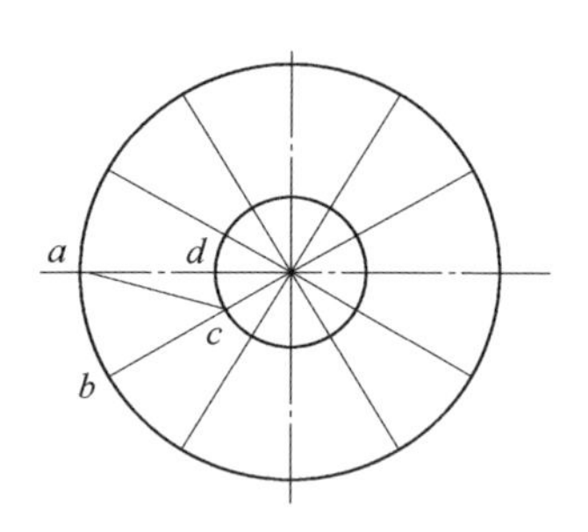

图 7-15　螺旋面视图

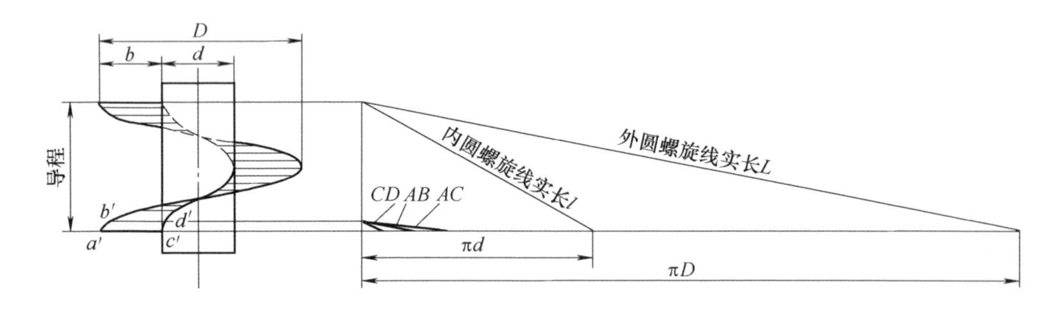

图 7-16　内外圆螺旋面的实长

3）作四边形的展开图 $ABCD$，并以此为模板，依次拼合四边形，得到一个导程的螺旋面的近似展开图，如图 7-17 所示。

2. 简便展开法

如已知正螺旋面的外径 D、内径 d 和导程，用简便展开法时，无须画螺旋面的投影，即可直接近似画出展开图。

1）作内圈和外圈螺旋线的展开图，求出内圈、外圈螺旋线的实长（图 7-17）。

2）如图 7-18 所示，作一等腰梯形，使其上底等于内圈螺旋线的实长 l，下底等于外圈螺旋线的实长 L，高等于螺旋面的宽度 b。

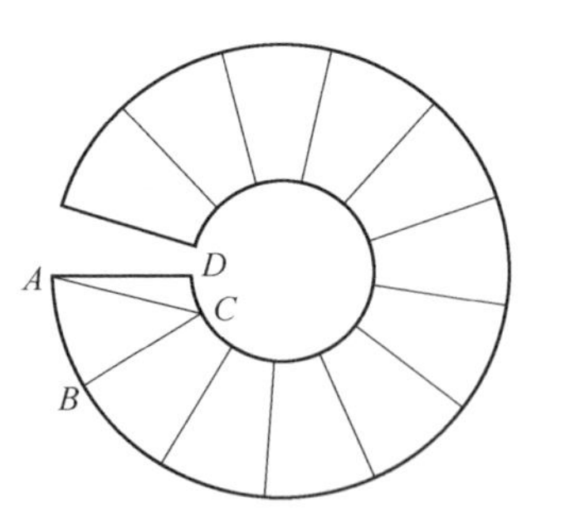

图 7-17　螺旋面的展开图

3）延长等腰梯形的两腰，交于点 O 点，以 O 为圆心，OA、OD 为半径画两个圆。

4）用 ab（实长）在外圆上依次截取 12 等份，得点 E，将 E 与圆心 O 相连，即得一个导程螺旋面的近似展开图 $ADFE$。

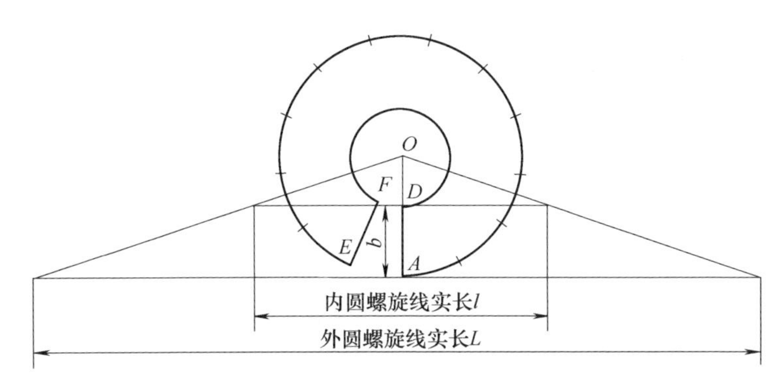

图 7-18　圆柱正螺旋面的简便展开图

参考文献

[1] 王军，胡云岩．焊工识图［M］．北京：化学工业出版社，2008.
[2] 中国机械工程学会焊接学会．焊接手册［M］．3版．北京：机械工业出版社，2015.
[3] 田锡唐．焊接结构［M］．北京：机械工业出版社，1989.
[4] 樊忠和．工程制图：非机械类用［M］．北京：机械工业出版社，2007.
[5] 张文钺．焊接冶金学：基本原理［M］．北京：机械工业出版社，2002.
[6] 周振丰．焊接冶金学：金属焊接性［M］．北京：机械工业出版社，2005.
[7] 赵熹华．焊接检验［M］．北京：机械工业出版社，1996.
[8] 雷世明．焊接方法与设备［M］．北京：机械工业出版社，2009.
[9] 赵熹华．焊接方法与机电一体化［M］．北京：机械工业出版社，2001.
[10] 王志斌．压力容器结构与制造［M］．北京：化学工业出版社，2009.
[11] 刘魁敏．机械制图［M］．北京：机械工业出版社，2008.
[12] 胡绳荪．焊接制造导论［M］．北京：机械工业出版社，2018.
[13] 宗培言．焊接结构制造技术与装备［M］．北京：机械工业出版社，2007.
[14] 胡建生．焊工识图［M］．北京：机械工业出版社，2019.
[15] 史维琴．焊接工艺评定［M］．北京：机械工业出版社，2018.
[16] 张秀珩，巴鹏．互换性与测量技术［M］．北京：机械工业出版社，2019.
[17] 王爱珍．钣金放样技术［M］．北京：机械工业出版社，2008.